21世纪高等学校规划教材｜计算机科学与技术

数据结构与算法实验教程

张瑞霞 主编　唐麟 副主编

清华大学出版社

北京

内 容 简 介

本书是与主教材《数据结构与算法》配套的实验教程。第 1 章介绍了常用开发环境,包括 Microsoft Visual Studio 2010 和 Dev-C++5;第 2~9 章的内容分别是线性表、栈和队列、树和二叉树、搜索树、图、字典、排序和字符串。每章的实验分为初级实验、中级实验和高级实验 3 种类型。每个实验包括实验目的、实验内容、参考代码和扩展延伸 4 个部分。本书既可以和主教材一起使用,也可以脱离主教材单独使用。

本书可作为高等院校计算机类相关专业的教材,也可作为高职院校计算机类专业的教材,还可作为计算机爱好者的自学教材和从事计算机软件开发的工程技术人员的参考书。

图书在版编目(CIP)数据

数据结构与算法实验教程/张瑞霞主编. —北京:清华大学出版社,2018(2019.4 重印)
　(21 世纪高等学校规划教材 · 计算机科学与技术)
　ISBN 978-7-302-50556-3

Ⅰ. ①数…　Ⅱ. ①张…　Ⅲ. ①数据结构—高等学校—教材 ②算法分析—高等学校—教材
Ⅳ. ①TP311.12 ②TP312

中国版本图书馆 CIP 数据核字(2018)第 142030 号

责任编辑:郑寅堃　王冰飞
封面设计:傅瑞学
责任校对:梁　毅
责任印制:杨　艳

出版发行:清华大学出版社
　　　　网　　　址:http://www.tup.com.cn,http://www.wqbook.com
　　　　地　　　址:北京清华大学学研大厦 A 座　　　　　　邮　　编:100084
　　　　社　总　机:010-62770175　　　　　　　　　　　　邮　　购:010-62786544
　　　　投稿与读者服务:010-62776969,c-service@tup.tsinghua.edu.cn
　　　　质量反馈:010-62772015,zhiliang@tup.tsinghua.edu.cn
　　　　课件下载:http://www.tup.com.cn,010-62795954
印　装　者:北京建宏印刷有限公司
经　　销:全国新华书店
开　　本:185mm×260mm　　印　张:17.5　　　　　　　字　　数:426 千字
版　　次:2018 年 6 月第 1 版　　　　　　　　　　　　印　　次:2019 年 4 月第 2 次印刷
印　　数:1001~1300
定　　价:49.00 元

产品编号:075131-01

出版说明

随着我国改革开放的进一步深化,高等教育也得到了快速发展,各地高校紧密结合地方经济建设发展需要,科学运用市场调节机制,加大了使用信息科学等现代科学技术提升、改造传统学科专业的投入力度,通过教育改革合理调整和配置了教育资源,优化了传统学科专业,积极为地方经济建设输送人才,为我国经济社会的快速、健康和可持续发展以及高等教育自身的改革发展做出了巨大贡献。但是,高等教育质量还需要进一步提高以适应经济社会发展的需要,不少高校的专业设置和结构不尽合理,教师队伍整体素质亟待提高,人才培养模式、教学内容和方法需要进一步转变,学生的实践能力和创新精神亟待加强。

教育部一直十分重视高等教育质量工作。2007年1月,教育部下发了《关于实施高等学校本科教学质量与教学改革工程的意见》,计划实施“高等学校本科教学质量与教学改革工程”(简称“质量工程”),通过专业结构调整、课程教材建设、实践教学改革、教学团队建设等多项内容,进一步深化高等学校教学改革,提高人才培养的能力和水平,更好地满足经济社会发展对高素质人才的需要。在贯彻和落实教育部“质量工程”的过程中,各地高校发挥师资力量强、办学经验丰富、教学资源充裕等优势,对其特色专业及特色课程(群)加以规划、整理和总结,更新教学内容、改革课程体系,建设了一大批内容新、体系新、方法新、手段新的特色课程。在此基础上,经教育部相关教学指导委员会专家的指导和建议,清华大学出版社在多个领域精选各高校的特色课程,分别规划出版系列教材,以配合“质量工程”的实施,满足各高校教学质量和教学改革的需要。

为了深入贯彻落实教育部《关于加强高等学校本科教学工作,提高教学质量的若干意见》精神,紧密配合教育部已经启动的“高等学校教学质量与教学改革工程精品课程建设工作”,在有关专家、教授的倡议和有关部门的大力支持下,我们组织并成立了“清华大学出版社教材编审委员会”(以下简称“编委会”),旨在配合教育部制定精品课程教材的出版规划,讨论并实施精品课程教材的编写与出版工作。“编委会”成员皆来自全国各类高等学校教学与科研第一线的骨干教师,其中许多教师为各校相关院、系主管教学的院长或系主任。

按照教育部的要求,“编委会”一致认为,精品课程的建设工作从开始就要坚持高标准、严要求,处于一个比较高的起点上。精品课程教材应该能够反映各高校教学改革与课程建设的需要,要有特色风格、有创新性(新体系、新内容、新手段、新思路,教材的内容体系有较高的科学创新、技术创新和理念创新的含量)、先进性(对原有的学科体系有实质性的改革和发展,顺应并符合21世纪教学发展的规律,代表并引领课程发展的趋势和方向)、示范性(教材所体现的课程体系具有较广泛的辐射性和示范性)和一定的前瞻性。教材由个人申报或各校推荐(通过所在高校的“编委会”成员推荐),经“编委会”认真评审,最后由清华大学出版社审定出版。

目前,针对计算机类和电子信息类相关专业成立了两个"编委会",即"清华大学出版社计算机教材编审委员会"和"清华大学出版社电子信息教材编审委员会"。推出的特色精品教材包括:

(1) 21 世纪高等学校规划教材·计算机应用——高等学校各类专业,特别是非计算机专业的计算机应用类教材。

(2) 21 世纪高等学校规划教材·计算机科学与技术——高等学校计算机相关专业的教材。

(3) 21 世纪高等学校规划教材·电子信息——高等学校电子信息相关专业的教材。

(4) 21 世纪高等学校规划教材·软件工程——高等学校软件工程相关专业的教材。

(5) 21 世纪高等学校规划教材·信息管理与信息系统。

(6) 21 世纪高等学校规划教材·财经管理与应用。

(7) 21 世纪高等学校规划教材·电子商务。

(8) 21 世纪高等学校规划教材·物联网。

清华大学出版社经过三十多年的努力,在教材尤其是计算机和电子信息类专业教材出版方面树立了权威品牌,为我国的高等教育事业做出了重要贡献。清华版教材形成了技术准确、内容严谨的独特风格,这种风格将延续并反映在特色精品教材的建设中。

清华大学出版社教材编审委员会
联系人：魏江江
E-mail：weijj@tup. tsinghua. edu. cn

前言

本书旨在指导学生进行数据结构与算法课程实践,从而实现与理论教材的有效衔接。在近几年的实验教学过程中发现单一的实验教学内容与学生的差异性之间存在着一定的矛盾。本书按照章节系统地、由浅入深地层次化实验教学内容,包括初级实验、中级实验和高级实验3个等级,并对每个等级设计不同数量的实验项目。

初级实验考查学生对基本数据结构的理解与实现。从理解掌握算法到程序调试测试是学生在实践过程中首先要跨越的一步,通过初级实验帮助学生在理解算法的基础上能够实现基本的数据结构。通过提供的参考代码使学生有章可循,能够独立运行程序,达到所见即所得。运行程序的感性体验结合理性的认识理解,达到理论和实践的初步衔接,培养学生的兴趣和自信心。

中级实验考查学生运用数据结构进行初步设计的能力。学以致用是课程的主要目的,中级实验是初级实验的延伸,侧重复杂算法的设计和基本应用。实验项目运用教材中的知识点使学生进一步从理论走向实践,在解决问题的过程中掌握其中的规律,从而逐步培养解决问题的能力。

高级实验使学生不断挑战新的高度,进行复杂工程问题程序设计的训练,以培养工程实践能力。独立的设计与创新实践能力是终极目标,这类实验在实验内容和要求上可灵活变化,也可体现学生兴趣和能力方面的差异性,比如在语言上可扩展为Java、C♯等,学生也可根据自己掌握的知识添加界面等。

每章的实验项目包括实验目的、实验内容、参考代码和扩展延伸。实验目的是通过进行该实验学生应掌握的知识点。实验内容是对学生需要完成的基本任务的描述,这里并没有给出详细的设计要求,学生可自行设计。参考代码部分给出本实验项目的具体实现。通过程序的文件结构图和头文件方便学生对代码的阅读和理解。由于本书中基本数据结构的代码具有良好的复用性,因此在将基本数据结构应用到复杂算法时只要包含相应的头文件即可。同时,为了使学生能够和其他课程衔接解决实际问题,在本书中有意识地引导学生使用C++中STL的数据结构来解决具体的应用问题。扩展延伸部分能够引导学生针对本实验项目在广度或者深度上进一步思考和实践。

本书的另一特点是针对迷宫这一应用问题给出了多种解决方案,包括栈、队列、图、红黑树以及使用A*算法,使学生通过比较实验数据体会在不同场景下各解决方案的优缺点。

本书中的所有程序都在VS 2010和Dev-C++5环境下调试通过,学生可以从清华大学出版社网站(http://www.tup.tsinghua.edu.cn)下载。

本书由桂林电子科技大学计算机与信息安全学院张瑞霞、唐麟共同编著而成。张瑞霞完成第2~5章和第9章的编写,唐麟完成第1章、第6~8章的编写。张瑞霞负责全书的整体构思统稿,智国建教师为本书的编辑、排版做了大量的工作,课程组组长周娅以及课程组的教师们为本书提出了有益的建议,同时付江泳等同学为本书的代码调试做了部分工作,在此谨向他们表示感谢!

由于编者水平有限,虽然经过多次文档整理和代码调试,仍可能存在不足之处,欢迎不吝指正,这里深表感谢。

编　者

2018 年 3 月

目 录

第 1 章

常用开发环境介绍

1.1 Microsoft Visual Studio

1.1.1 Microsoft Visual Studio 的介绍

Microsoft Visual Studio 是微软公司的一款集成开发环境(IDE)。

1.1.2 Microsoft Visual Studio 的使用

下面以在 Microsoft Visual Studio 2010 中开发 C 语言程序为例进行介绍。

1. 新建项目

打开 VS 后选择"文件"|"新建"|"项目"命令,新建一个项目,如图 1-1 所示。

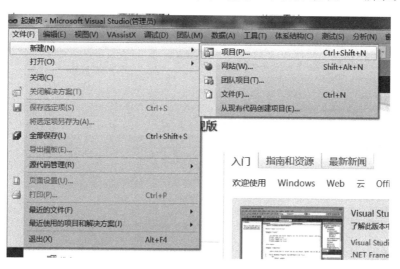

图 1-1　新建项目

在图 1-2 所示的"新建项目"窗口中一定要选择 Visual C++下的 Win32,并选择 Win32 控制台应用程序,然后输入解决方案和工程的名称,之后单击"确定"按钮,会出现如图 1-3 所示的"Win32 应用程序向导"窗口。

图 1-2　"新建项目"窗口

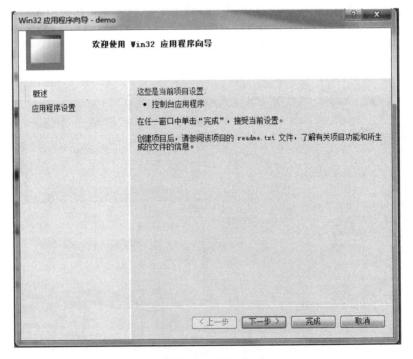

图 1-3　"Win32 应用程序向导"窗口

在"Win32 应用程序向导"窗口中选择左侧的"应用程序设置"选项,则该"Win32 应用
程序向导"窗口的显示如图 1-4 所示。

在图 1-4 中的"附加选项"处选择"空项目",然后单击"完成"按钮,这样 VS 就会建立一个空的项目(不包括.h 或者.c 文件的项目),后续程序员可以根据需要进行代码文件的添加。单击"完成"按钮后,在图 1-5 所示的"解决方案资源管理器"中看到只有空的文件夹。

图 1-4　Win32 应用程序向导之设置空项目

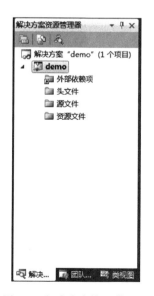

图 1-5　解决方案资源管理器

　　如果无法看到"解决方案资源管理器",选择"视图"|"解决方案资源管理器"命令,就可以将"解决方案资源管理器"打开。

2. 编写代码

（1）添加.c 文件。在"解决方案资源管理器"中 demo 项目下的"源文件"文件夹处右击，选择"添加"|"新建项"命令，如图 1-6 所示。

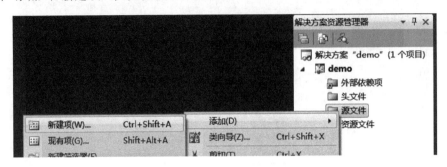

图 1-6　添加源文件

这样出现如图 1-7 所示的"添加新项"窗口。

图 1-7　"添加新项"窗口

在该窗口中选择 C++文件。但由于是写 C 语言程序，所以在名称处必须给名字加上扩展名.c。例如这里添加的文件名为 main.c。单击"添加"按钮后就可以将 main.c 添加到项目中。如果填写文件名时不填写扩展名，则最后添加的是.cpp 文件。

（2）添加.h 文件。在"解决方案资源管理器"中 demo 项目下的"头文件"文件夹处右击，选择"添加"|"新建项"命令，如图 1-8 所示。

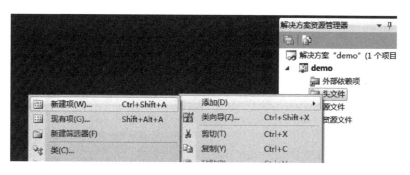

图 1-8　新建头文件

在"添加新项"窗口中选择头文件，输入需要添加的文件名，然后单击"添加"按钮就可以了。

3．编译链接、运行程序

在程序编写好以后就可以进行编译链接运行了。选择"调试"|"开始执行（不调试）"命令，如图 1-9 所示。

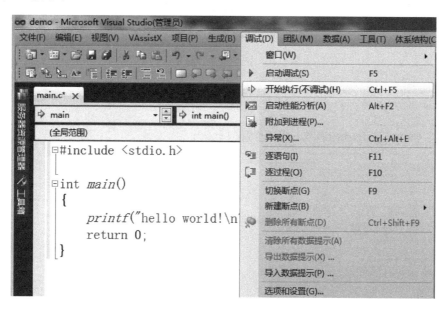

图 1-9　执行程序

4．在 Visual Studio 中调试程序

若程序没有语法错误，但是有逻辑错误，此时可以使用单步调试工具对程序进行调试，观察值的变化，跟自己认为时的值做对比。

使用的单步调试的代码如图 1-10 所示。

该代码没有逻辑错误，仅用于讲解在 VS 中进行单步调试的过程。

首先设置断点，这里因为是选择结构程序设计，所以在各个分支添加了断点。添加断点的方式是直接在需要设置断点的地方用鼠标单击，如图 1-11 所示。

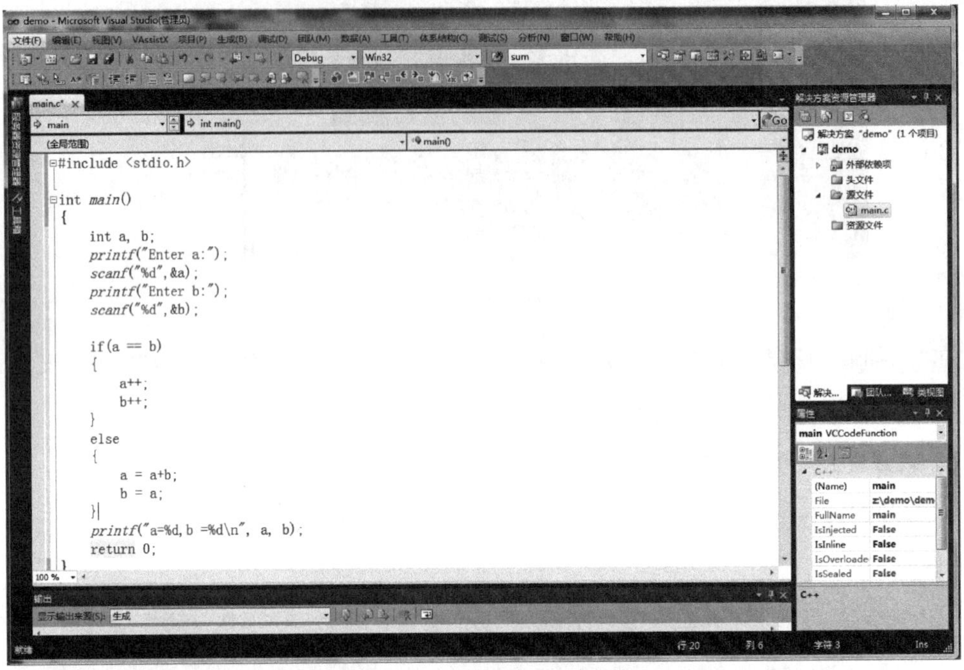

图 1-10　用于单步调试的代码

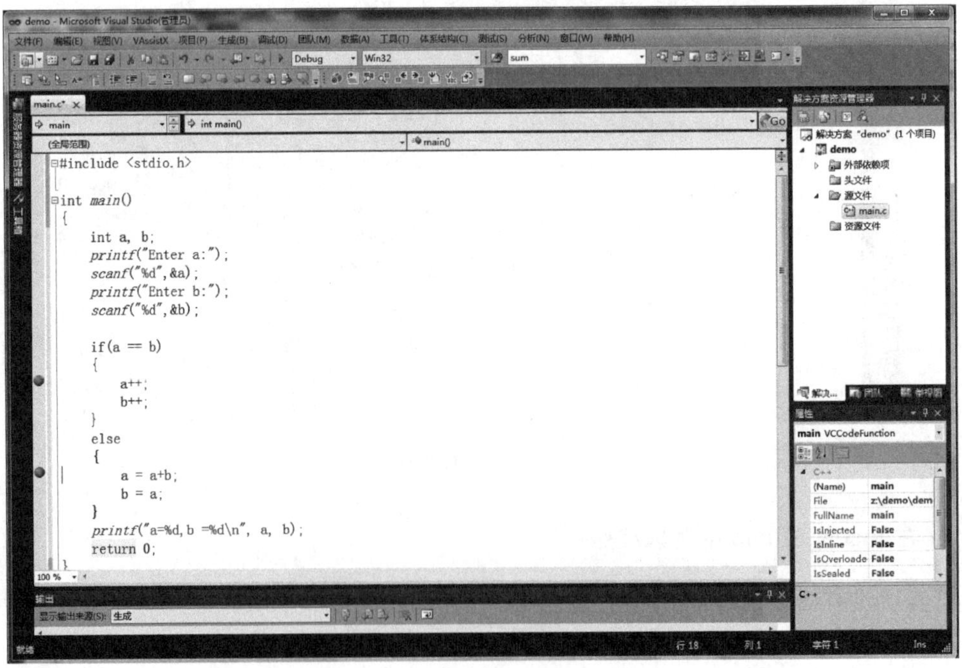

图 1-11　设置断点

选择"调试"|"启动调试"命令，如图 1-12 所示。

图 1-12　启动单步调试

因为程序还没有运行到断点位置（在断点位置前有 scanf 语句），所以运行到 scanf 语句时会弹出控制台，请输入数据。正常输入数据，如图 1-13 所示。

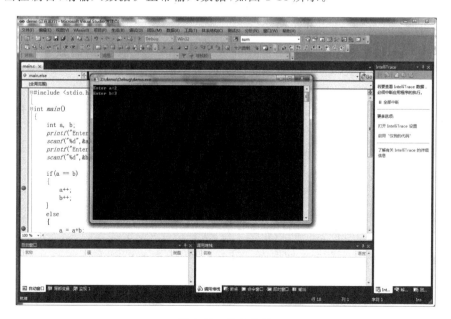

图 1-13　输入数据

按 Enter 键后窗口如图 1-14 所示,其中的黄色箭头指向的是下一条要执行的语句。

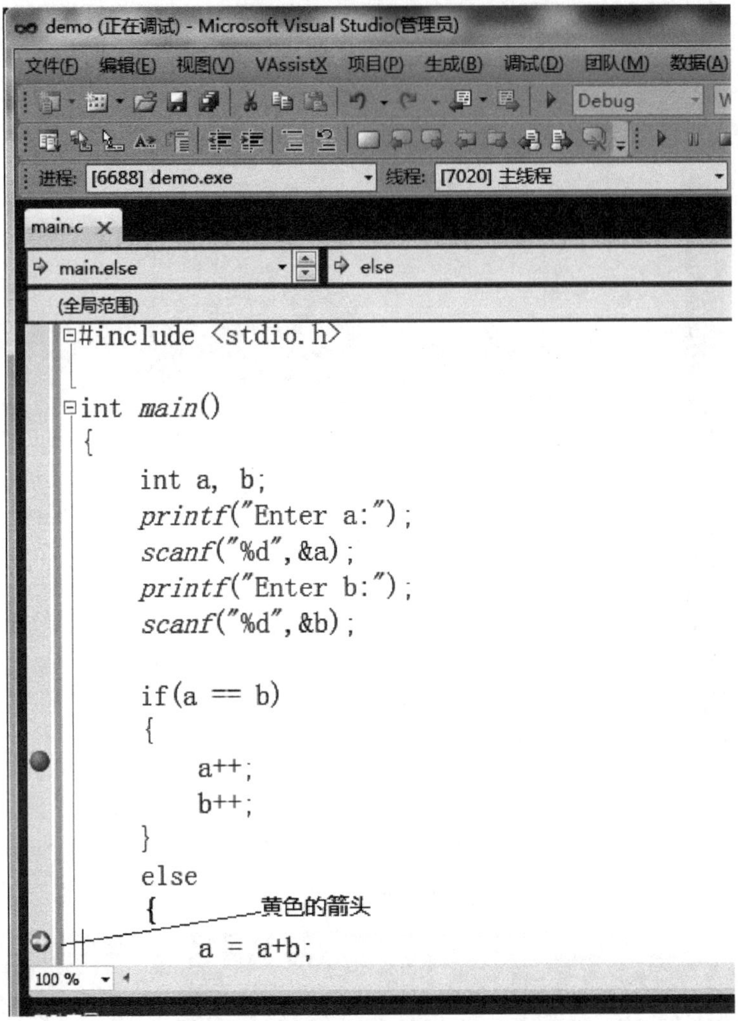

```
∞ demo (正在调试) - Microsoft Visual Studio(管理员)

文件(F)  编辑(E)  视图(V)  VAssistX  项目(P)  生成(B)  调试(D)  团队(M)  数据(A)

                                               ▶ Debug

进程: [6688] demo.exe          ▼    线程: [7020] 主线程

main.c ×

⇨ main.else              ▼  ⇨ else

(全局范围)

#include <stdio.h>

int main()
{
    int a, b;
    printf("Enter a:");
    scanf("%d", &a);
    printf("Enter b:");
    scanf("%d", &b);

    if(a == b)
    {
        a++;
        b++;
    }
    else
    {                          黄色的箭头
        a = a+b;

100 %  ▼  ◀
```

图 1-14　在断点处停下

进入单步调试状态后,在工具栏中会显示相应的单步调试工具,通过调试菜单也能看到相应的单步调试工具。

下面添加对变量值的观察,在图 1-15 左下角的"监视 1"窗口中可以输入需要观察的变量名,在这里也可以根据需要灵活输入,比如想观察 a 的值,同时想观察 $a+b$ 的值,则输入如图 1-16 所示,在监视窗口中分两行输入 a 和 $a+b$。

让程序往下运行一步,选择"调试"|"逐过程"命令或者选择"调试"|"逐语句"命令(二者只是在遇到函数调用的时候会不同),如图 1-17 所示。

可以看到随着语句的执行,a 的值发生变化,黄色箭头又指向了下一条语句,具体效果如图 1-18 所示。

如果要停止调试状态,选择"调试"|"停止调试"命令,如图 1-19 所示。

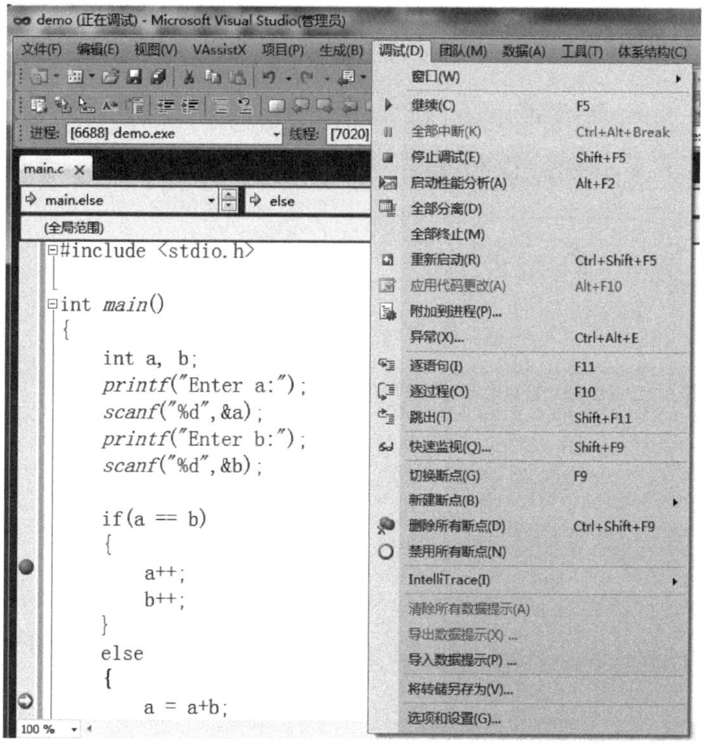

图 1-15 单步调试的功能菜单

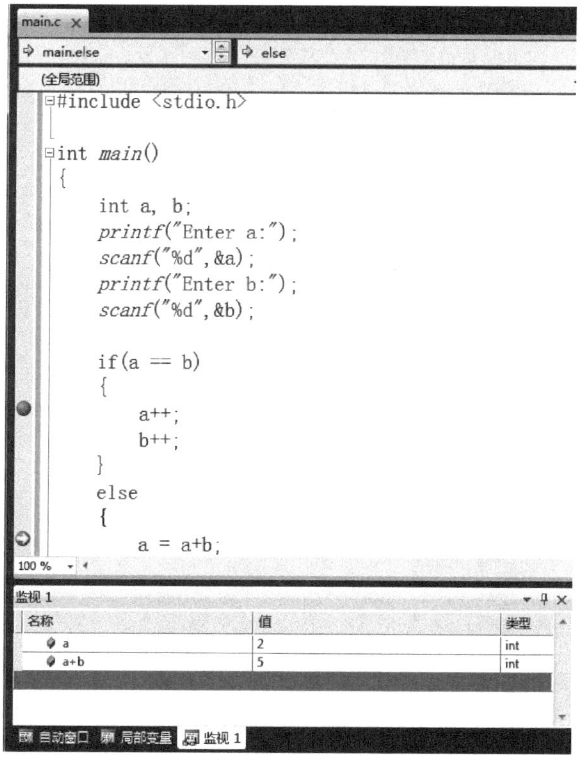

图 1-16 监视窗口

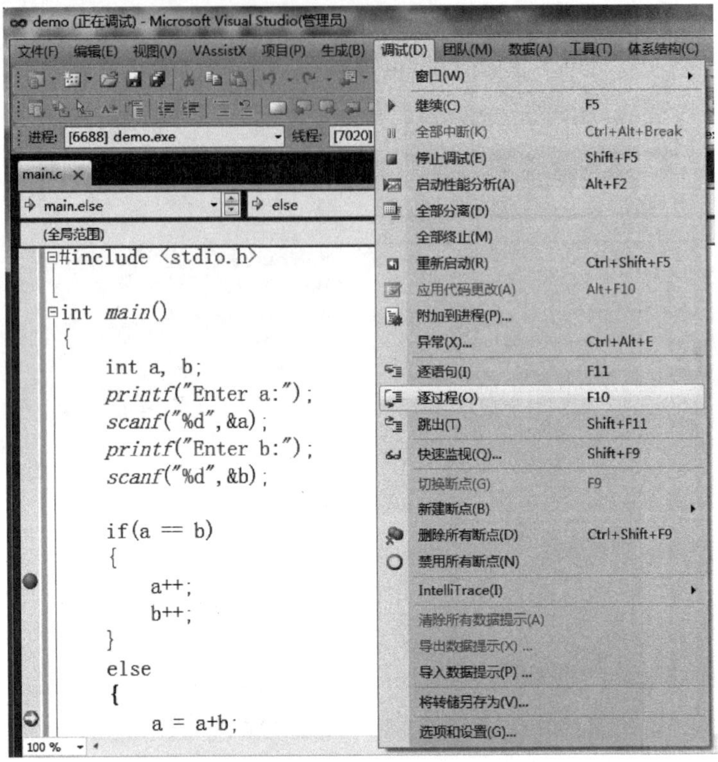

图 1-17　逐过程运行

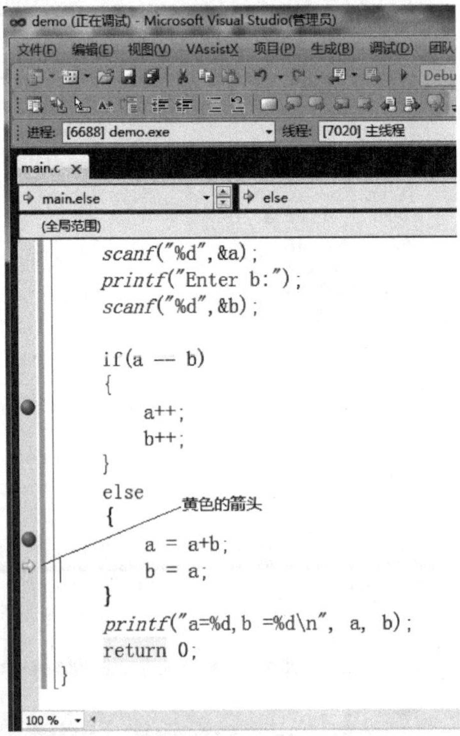

图 1-18　在监视窗口中观察值的变化

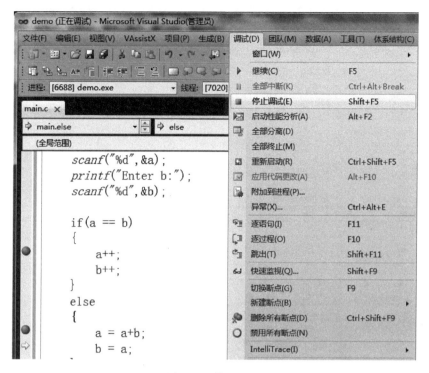

图 1-19 停止调试

1.2 Dev-C++

1.2.1 Dev-C++的介绍

Dev-C++是 Windows 环境下的一个适合于初学者使用的轻量级 C/C++集成开发环境（IDE）。它是一款自由软件，遵守 GPL 许可协议分发源代码，集合了 MinGW 中的 GCC 编译器、GDB 调试器和 AStyle 格式整理器等众多自由软件。

1.2.2 Dev-C++的使用

在 Dev-C++中进行 C 语言程序的编写。

1. 新建项目

（1）选择"文件"|"新建"|"项目"命令，如图 1-20 所示。

（2）打开如图 1-21 所示的"新项目"对话框，在 Basic 选项卡中选择 Console Application 和"C 项目"两个选项，并取一个项目名称，在这个例子中项目名称取为 helloworld，然后单击"确定"按钮。

（3）出现"另存为"对话框，如图 1-22 所示，在其中选择工程要在硬盘中保存的位置，并单击"保存"按钮。

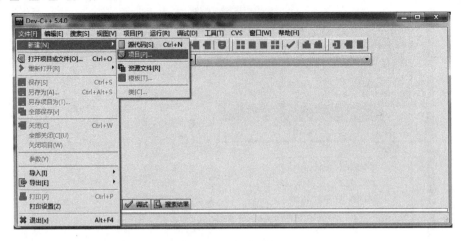

图 1-20　新建项目

图 1-21　"新项目"对话框

图 1-22　"另存为"对话框

2. 编写代码

在图 1-22 中选择好保存位置后,图 1-23 所示的代码编辑窗口将会被打开,在该代码编辑窗口中可以进行代码的编辑。

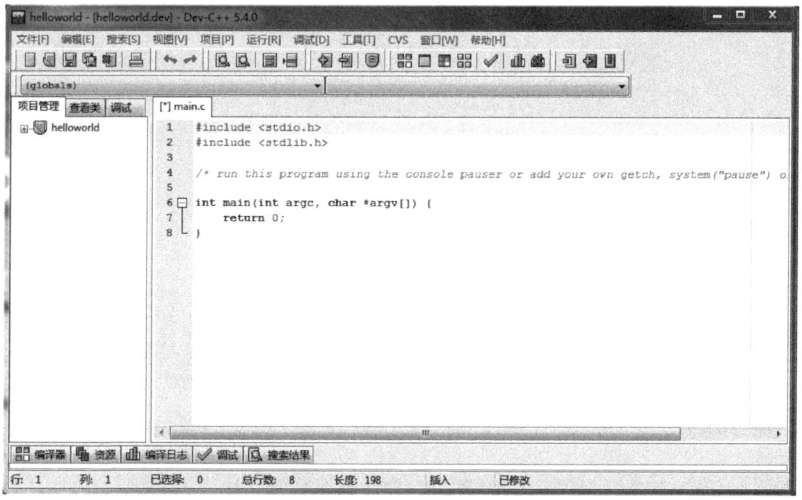

图 1-23 代码编辑窗口

在图 1-24 所示的窗口的左边,可以在"项目管理"选项卡中看到 helloworld 项目,将前面的+号点开就能看到 main.c 文件。

图 1-24 在"项目管理"选项卡中查看自动添加的.c 文件

在代码编辑窗口中编写一条代码,用于显示"hello world!"到控制台上,如图 1-25 所示。

3. 编译链接、运行程序

(1) 选择"运行"|"编译运行"命令,如图 1-26 所示。选择该命令,能先将程序编译链接,如果没有错误,则会运行。

图 1-25　在代码编辑窗口中添加 printf 代码

图 1-26　选择"编译运行"命令

（2）保存 main.c 文件。因为之前并没有进行源代码的保存，所以选择"编译运行"命令后弹出"保存文件"对话框，如图 1-27 所示。在该对话框中能进行具体保存路径的选择，在这里直接放在项目文件所在的文件夹中。

（3）如果编译链接没有错误，则会出现运行结果。本程序的运行结果如图 1-28 所示。

上面详细介绍了在 Dev-C++中新建项目、保存项目、编写代码、保存文件并编译运行的过程。编写程序，很多时候不可能一次编写成功，需要不断地找 bug 并修改，直到获得正确结果，因此学习程序的调试技巧是必需的。

调试程序是代码编写的重要组成部分，能调试程序的前提是代码没有语法错误。调试程序的原因是代码虽然能运行，但是却无法按照编程者的需要正确运行。找到逻辑错误的

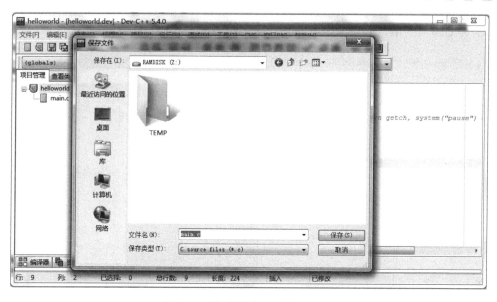

图 1-27 保存源代码文件 main.c

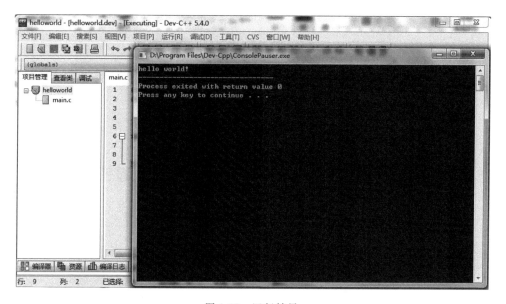

图 1-28 运行结果

方法有：通读程序；在程序内部写一些输出语句，将内部变量输出，以便于编程者观察，跟自己需要的变量值做比对，找到错误所在；使用编译环境自带的 debug 工具进行调试。

调试程序的思想大体相同，例如：

（1）编程者根据自己对错误的初始判断初步确定错误出现位置，并确定需要观察的变量。

（2）在编程者判断的错误出现位置前面设置断点。

（3）进入单步调试模式，代码在断点设置处停下。

（4）根据确定的需要观察的变量确定观测变量，并将这些变量添加到观察区域。

（5）一行行运行语句，观察需要观测的变量的值的变化。

（6）当找到问题所在时退出单步调试。

4. 在 Dev-C++中调试程序

（1）新建一个名为 debugdemo 的项目，具体程序代码如图 1-29 所示。

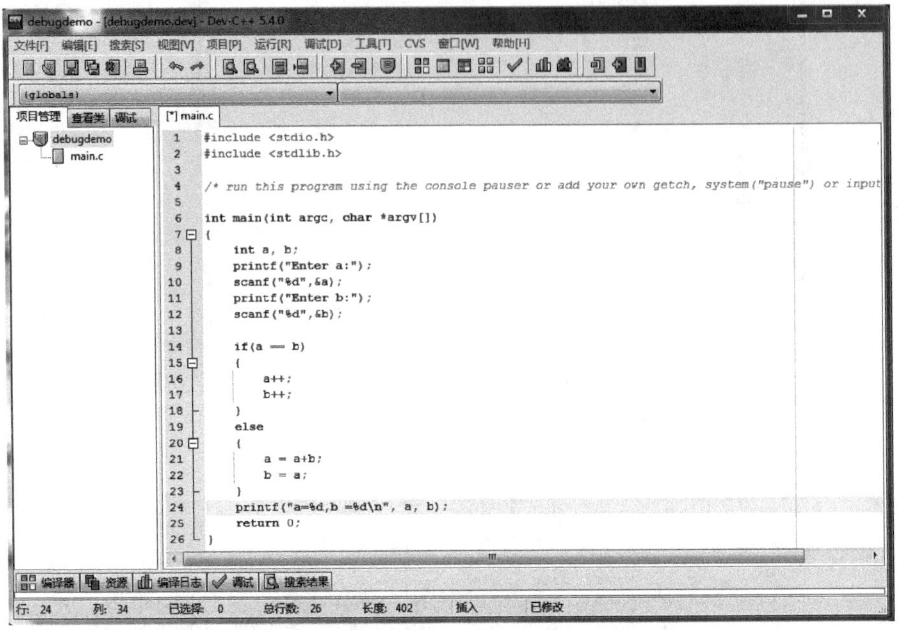

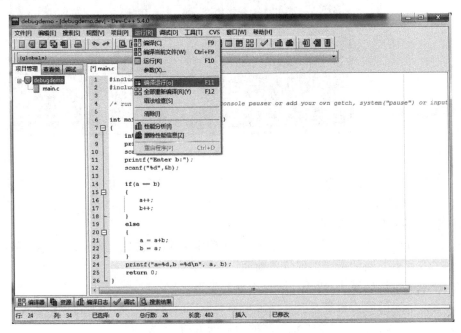

图 1-29　新建项目用于单步调试演示

该项目编译运行没有语法错误，满足能进行程序调试的基本要求。如何进行编译运行见图 1-30。

图 1-30　选择编译运行项目

如图 1-31 所示,上面的代码并没有语法错误,在控制台中有信息显示。

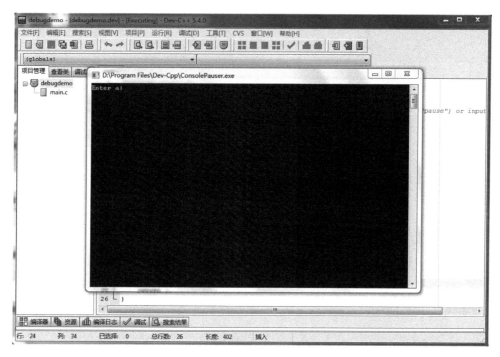

图 1-31 程序能成功运行

(2) 设置断点。单击行号可以设置断点,断点设置后会出现如图 1-32 所示的红色标识。

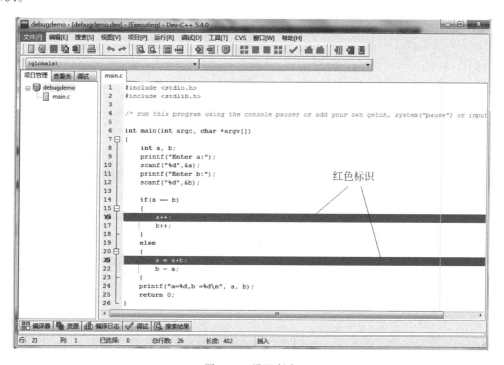

图 1-32 设置断点

（3）进入单步调试。选择"调试"|"调试"命令，如图 1-33 所示。

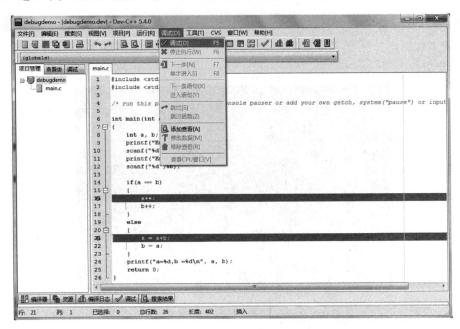

图 1-33　调试

这时会出现确认框，询问因为项目没有调试信息，是否想打开项目调试选项并重新生成。在图 1-34 中单击 Yes 按钮，会出现如图 1-35 所示的窗口。

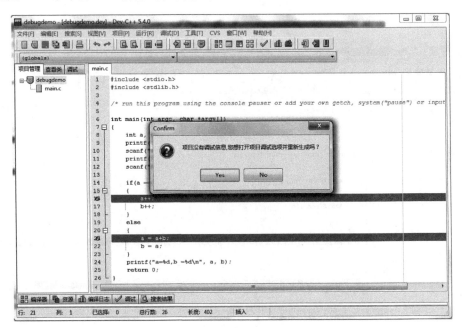

图 1-34　确认框

将图 1-35 中的正在编译窗口关掉后，还需要重新选择"调试"|"调试"命令，如图 1-33 所示。

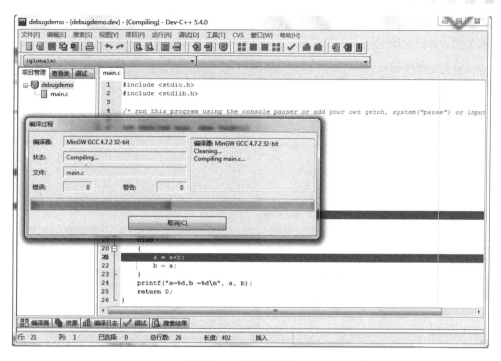

图 1-35 正在编译窗口

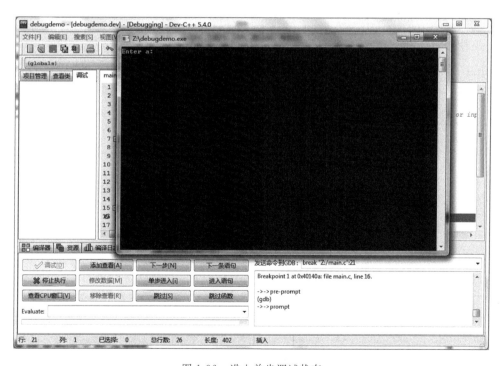

图 1-36 进入单步调试状态

这时将进入调试状态,程序会在运行到编程者设置的断点位置停下来。由于是将断点位置设置为读入数据语句 scanf 的后面,所以是先执行 scanf 语句,输入数据后再进入单步调试状态。

在图 1-36 所示的控制台中输入数据后按 Enter 键,则程序会在断点处停下来。

单击图 1-37 中的"添加查看"按钮,添加一些需要查看值的变量,用于观察值的变化。

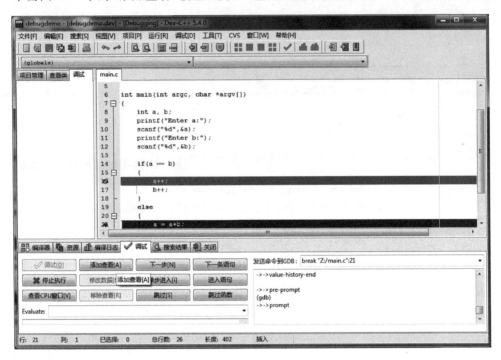

图 1-37   添加查看变量窗口

在这里添加了对于变量 a 的观察,如图 1-38 所示。

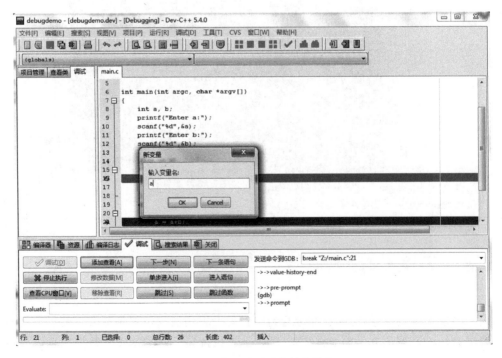

图 1-38   输入需要观察的变量名

在图 1-39 中可以看到,左边的调试窗口中已经将刚刚添加的需要查看的变量的值显示了出来,跟输入的值是一样的。

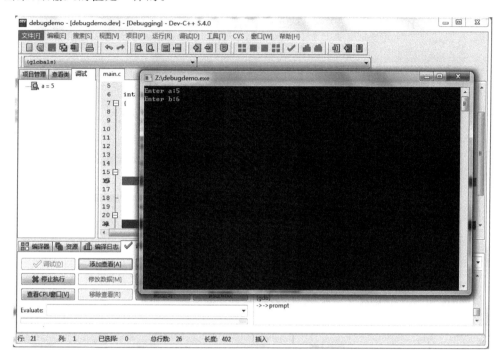

图 1-39 根据程序运行需要输入数据

图 1-40 中变成蓝色的那一行是下一步要执行的语句。

图 1-40 蓝色指示的是等待执行的语句

现在程序的运行已经处于暂停状态,等待用户的调试指令。在图 1-41 所示的调试窗口中有"下一步"按钮,单击该按钮,程序会执行一行语句。

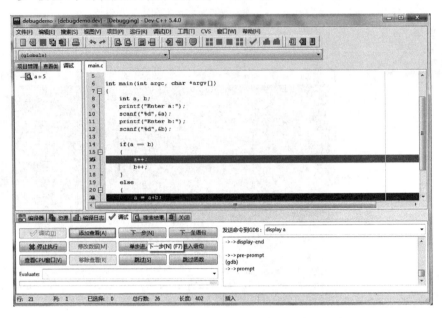

图 1-41　单击"下一步"按钮让程序往下执行一步

图 1-42 是单击了"下一步"按钮,程序执行一行后的结果截图。在图 1-42 中可以看到,左边的调试窗口中 a 的值已经是 11 了。

如果已经通过单步调试找到了自己程序的问题所在,则可以结束单步调试,方法是单击图 1-42 下方的调试窗口中的"停止执行"按钮。

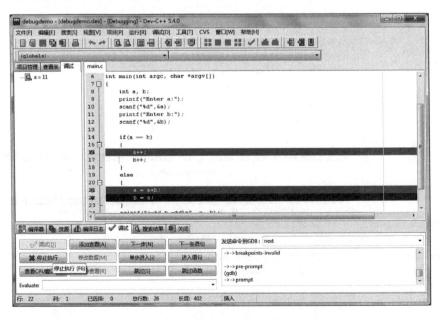

图 1-42　向下执行一步

第2章

线性表

2.1 初级实验1

一、实验目的

掌握顺序表的基本算法并编写主程序对各个算法进行测试。

二、实验内容

顺序表的基本运算实现,要求至少具有以下功能接口定义,并设计主程序进行接口功能测试。

（1）初始化顺序表；

（2）判断是否为空；

（3）插入运算；

（4）删除运算；

（5）查找运算；

（6）输出顺序表；

（7）释放顺序表。

三、参考代码

1．本程序的文件结构

本程序的文件结构如图 2-1 所示,说明如下。

（1）SeqList.h：顺序表头文件,提供了顺序表类型定义和相关接口说明。

（2）SeqList.c：顺序表接口的具体实现文件。

（3）main.c：主函数,对顺序表接口进行测试,因此需要包含 SeqList.h。

▲ 🔧 初级实验1
　▲ 📁 头文件
　　▷ 🗋 SeqList.h
　▷ 🔧 外部依赖项
　▲ 📁 源文件
　　▷ ✦ main.c
　　▷ ✦ SeqList.c
　　🔧 资源文件

图 2-1　程序的文件结构图

2. 顺序表的实现

（1）头文件 SeqList.h。

```
1    # ifndef SEQLIST_H
2    # define SEQLIST_H
3    typedef int DataType;                        //数据元素类型定义为整型
4    struct List
5    {
6      int Max;
7      int n;
8      DataType * elem;
9    };
10   typedef struct List  * SeqList;              //顺序表类型定义
11   //函数功能：创建空顺序表
12   //输入参数 m: 顺序表的最大值
13   //返回值：空的顺序表
14   SeqList SetNullList_Seq(int m);
15   //函数功能：判断顺序表是否为空
16   //输入参数 slist: 顺序表
17   //返回值：为空返回 1,否则返回 0
18   int IsNullList_seq(SeqList slist);
19   //函数功能：在线性表 slist 的 p 位置之前插入 x
20   //输入参数 slist: 顺序表
21   //输入参数 p: 插入位置
22   //输入参数 x: 待插入的元素
23   //返回值：若成功返回 1,否则返回 0
24   int InsertPre_seq(SeqList slist, int p, DataType x);
25   //函数功能：删除下标为 p 的元素
26   //输入参数 slist: 顺序表
27   //输入参数 p: 删除位置
28   //返回值：若成功删除返回 1,否则返回 0
29   int DelIndex_seq(SeqList slist, int p);
30   //函数功能：查找值为 x 的元素
31   //输入参数 slist: 顺序表
32   //输入参数 x: 要查找的元素
33   //返回值：若查找成功返回元素在顺序表中的下标,否则返回－1
34   int Locate_seq(SeqList slist, int x);
35   //函数功能：输出顺序表
36   //输入参数 slist: 顺序表
37   //返回值：无
38   void print(SeqList slist);
39   //函数功能：释放顺序表
40   //输入参数 slist: 顺序表
41   //返回值：无
42   void DestoryList_Seq(SeqList slist);
43   # endif
```

（2）SeqList.c。

```
1    # include < stdio.h >
```

```
2    # include < stdlib.h>
3    # include "SeqList.h"
4    //特别要注意需要包含前面定义的头文件,用双引号,与包含c库的方法不同
5    SeqList SetNullList_Seq(int m)                    //创建空顺序表
6    {
7        //申请结构体 List 空间
8        SeqList slist = (SeqList)malloc(sizeof(struct List));
9        if (slist!= NULL)
10       {
11           //申请顺序表空间,大小为 m 个 DataType 空间
12           slist -> elem = (DataType * )malloc(sizeof(DataType) * m);
13           if (slist -> elem)
14           {
15               slist -> Max = m;                    //顺序表的最大值
16               slist -> n = 0;                      //顺序表长度赋值为 0
17               return(slist);
18           }//end if(slist -> elem)
19           else free(slist);
20       }//end if(slist!= NULL)
21       printf("out of space!!\n");
22       return NULL;
23   }
24   int IsNullList_seq(SeqList slist)                 //判断顺序表是否为空
25   {
26       return(slist -> n == 0);                      //检查顺序表的长度是否为 0
27   }
28   //在线性表 slist 的 p 位置之前插入 x,p 的合理取值范围为 0~n-1
29   int InsertPre_seq(SeqList slist, int p, DataType x)
30   {
31       int q;
32       if (slist -> n >= slist -> Max)               //顺序表满,溢出
33       {
34           printf("overflow");
35           return 0;
36       }
37       if (p<0 || p>slist -> n)                      //不存在下标为 p 的元素
38       {
39           printf("not exist!\n");
40           return 0;
41       }
42       for (q = slist -> n-1; q >= p; q-- )          //插入位置以及之后的元素后移
43       slist -> elem[q + 1] = slist -> elem[q];
44       slist -> elem[p] = x;                         //插入元素 x
45       slist -> n = slist -> n + 1;                  //顺序表长度加 1
46       return 1;
47   }
48   int DelIndex_seq(SeqList slist, int p)            //删除下标为 p 的元素
49   {
50       int q;
51       if (p<0 || p>= slist -> n)
52       {                                             //不存在下标为 p 的元素
```

```
53          printf("Not exist\n");
54          return 0;
55       }
56       for (q = p; q < slist -> n - 1; q++)              //p 位置之后的元素向前移动
57          slist -> elem[q] = slist -> elem[q + 1];
58       slist -> n = slist -> n - 1;                      //顺序表长度减 1
59       return 1;
60    }
61    int Locate_seq(SeqList slist, int x)                 //查找值为 x 的元素
62    {
63       int q;
64       for (q = 0; q < slist -> n; q++)
65          if (slist -> elem[q] == x)                     //若查找成功,返回对应的位置
66             return q;
67       return - 1;                                       //若查找失败,返回 - 1
68    }
69    void print(SeqList slist)                            //输出顺序表
70    {
71       int i;
72       for (i = 0; i < slist -> n; i++)                  //依次遍历顺序表,并输出
73         printf(" % d ", slist -> elem[i]);
74       printf("\n");
75    }
76    void DestoryList_Seq(SeqList slist)                  //释放顺序表
77    {
78       free(slist -> elem);
79       free(slist);
80    }
```

3. main.c

在主函数中编写代码,测试顺序表的接口算法。

```
1     # include < stdio. h >
2     # include < stdlib. h >
3     # include "SeqList. h"
4     int main(void)
5     {
6        SeqList seqlist;
7        int max, len, i, x;
8        printf("输入顺序表的最大值(< 100) = ");
9        scanf_s(" % d", &max);
10       seqlist = SetNullList_Seq(max);                  //创建空的顺序表
11       if (seqlist != NULL)
12       {
13          printf("输入顺序表的长度:");
14          scanf(" % d", &len);
15          printf("输入顺序表的元素: ");
16          for (i = 0; i < len; i++)
17          {
18             scanf_s(" % d", &x);
19             InsertPre_seq(seqlist, i, x);              //通过插入建立顺序表
```

```
20            }
21            printf("顺序表是否为空,1 为空,0 为非空: %d\n", IsNullList_seq(seqlist));
22            printf("当前顺序表的元素: ");
23            print(seqlist);                      //输出顺序表
24            DelIndex_seq(seqlist, 3);            //删除下标为 3 的元素
25            printf("删除下标为 3 的元素后的顺序表:");
26            print(seqlist);                      //输出顺序表
27            InsertPre_seq(seqlist, 2, 99);       //在下标 2 位置之前插入 99
28            printf("在下标 2 位置之前插入 99 后的顺序表:");
29            print(seqlist);                      //输出顺序表
30            printf("查找值为 99 的元素下标:");
31            printf(" %d\n", Locate_seq(seqlist, 99));  //查找值为 99 的元素下标
32            DestoryList_Seq(seqlist);            //销毁顺序表
33        }
34        else
35        printf("空间分配失败\n");
36        return 0;
37    }
```

4．测试用例和测试结果

测试用例和测试结果截图如图 2-2 所示。

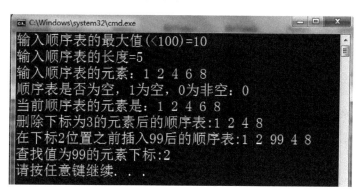

图 2-2　测试截图

四、扩展延伸

（1）在初级实验 1 算法框架的基础上增加如下算法,其功能是删除顺序表中第一个值为 x 的元素,在主程序中测试该功能并分析算法的时间效率和空间效率。

int DelV_seq(SeqList slist, int x)

（2）在初级实验 1 算法框架的基础上增加如下算法,其功能是删除顺序表中所有值为 x 的元素,在主程序中测试该功能并分析算法的时间效率和空间效率。

int DelA_seq(SeqList pslist, int x)

（3）在初级实验 1 算法框架的基础上增加如下算法,其功能是删除顺序表中从第 j 个元素开始的连续 k 个元素,在主程序中测试该功能并分析算法的时间效率和空间效率。

void Delete_j_k(SeqList slist, int j, int k)

2.2　初级实验 2

一、实验目的

掌握单链表的基本算法并编写主程序对各个算法进行测试。

二、实验内容

单链表的基本运算实现,要求至少具有以下功能接口,并设计主程序对接口功能进行测试。

(1) 初始化单链表;

(2) 判断是否为空;

(3) 单链表的建立;

(4) 插入运算;

(5) 删除运算;

(6) 查找运算;

(7) 输出单链表;

(8) 释放单链表。

三、参考代码

1. 本程序的文件结构

本程序的文件结构如图 2-3 所示,说明如下。

(1) LinkList.h:链表头文件,提供了链表的类型定义和相关接口说明。

(2) LinkList.c:链表接口的具体实现文件。

(3) main.c:主函数,对链表接口进行测试,因此需要包含 LinkList.h。

图 2-3　程序的文件结构图

2. 链表的实现

(1) LinkList.h。

```
1    # ifndef LINKLIST_H
2    # define LINKLIST_H
3    typedef int DataType;              //定义单链表的数据类型为整型
4    struct Node{
5        DataType data;                 //数据域
6        struct Node * next;            //指针域
7    };
8    typedef struct Node * PNode;       //定义指向结构体的指针
9    typedef struct Node * LinkList;    //定义链表类型
10   //函数功能:创建带有头结点的空链表
```

```
11   //输入参数：无
12   //返回值：空链表
13   LinkList SetNullList_Link();
14   //函数功能：判断链表是否为空
15   //输入参数：链表
16   //返回值：为空返回1,否则返回0
17   int IsNull_Link(LinkList llist);
18   //函数功能：用头插法建立单链表
19   //输入参数：链表头结点
20   //返回值：无
21   void CreateList_Head(struct Node * head);
22   //函数功能：用尾插法建立单链表
23   //输入参数：链表头结点
24   //返回值：无
25   void CreateList_Tail(struct Node * head);
26   //函数功能：在llist链表中的结点p之后插入一个值为x的结点
27   //输入参数llist：链表
28   //输入参数p：插入位置
29   //输入参数x：待插入的元素
30   //返回值：若成功返回1,否则返回0
31   int InsertPost_link(LinkList llist, PNode p, DataType x);
32   //函数功能：删除第一个与输入参数相等的值的结点
33   //输入参数head：链表
34   //输入参数data：待删除的元素
35   //返回值：无
36   void DelNode_Link(struct Node * head, int data);
37   //函数功能：在llist链表中查找值为x的结点
38   //输入参数llist：链表
39   //输入参数x：待查找的元素
40   //返回值：在内存中的位置
41   PNode Locate_Link(LinkList llist, DataType x);
42   //函数功能：输出单链表
43   //输入参数head：链表头结点
44   //返回值：无
45   void print(LinkList head);
46   //函数功能：释放单链表
47   //输入参数head：链表头结点
48   //返回值：无
49   void DestoryList_Link(LinkList head);            //释放单链表
50   # endif
```

（2）LinkList.c。

```c
1   # include < stdio.h >
2   # include < stdlib.h >
3   # include "LinkList.h"   //注意包含前面定义的头文件,用双引号,与包含c库的方法不同
4   LinkList SetNullList_Link()                      //创建带有头结点的空链表
5   {
6     LinkList head = (LinkList)malloc(sizeof(struct Node));
7     if (head!= NULL) head -> next = NULL;
8     else printf("alloc failure");
```

```
9        return head;                                   //返回头指针
10   }
11   int IsNull_Link(LinkList llist)                    //判断链表是否为空
12   {
13      return(llist -> next == NULL);
14   }
15   void CreateList_Head(struct Node * head)           //用头插法建立单链表
16   {
17      PNode p = NULL; int data;
18      printf("请输入整型数据建立链表,以 - 1 结束\n");
19      scanf(" % d", &data);
20      while (data!=- 1)                               //分配空间,赋值
21      {
22          p = (struct Node * )malloc(sizeof(struct Node));
23          p -> data = data;                           //对数据域赋值
24          p -> next = head -> next;                   //对 next 域赋值
25          head -> next = p;
26          scanf(" % d", &data);
27      }
28   }
29   void CreateList_Tail(struct Node *  head)          //用尾插法建立单链表
30   {
31      PNode p = NULL; PNode q = head; int data;
32      printf("请输入整型数据建立链表,以 - 1 结束\n");
33      scanf(" % d", &data);
34      while (data!=- 1)                               //分配空间,赋值
35      {
36          p = (struct Node * )malloc(sizeof(struct Node));
37          p -> data = data;
38          p -> next = NULL;
39          q -> next = p;
40          q = p;
41          scanf(" % d", &data);
42      }
43   }
44   //在 llist 链表中的 p 位置之后插入值为 x 的结点
45   int InsertPost_link(LinkList llist, PNode p, DataType x)
46   {
47      PNode q;
48      if (p == NULL) { printf("parameter failure!\n"); return 0; }
49      q = (PNode)malloc(sizeof(struct Node));
50      if (q == NULL)
51      {
52        printf("alloc failure!\n"); return 0;
53      }
54      else
55      {
56          q -> data = x;
57          q -> next = p -> next;
58          p -> next = q;
59          return 1;
```

```
60         }
61     }
62     //删除第一个与输入参数相等的值的结点
63     void DelNode_Link(struct Node * head, int data)
64     {
65         PNode p = head -> next; PNode beforeP = head;
66         while (p!= NULL)
67         {
68             if (p -> data == data)
69             {
70                 beforeP -> next = p -> next;
71                 free(p);
72                 break;
73             }
74             else
75             {
76                 beforeP = p;
77                 p = p -> next;
78             }//end if (p -> data == data)
79         }//end while(p!= NULL)
80     }
81     //在llist链表中查找值为x的结点,并返回在内存中的位置
82     PNode Locate_Link(LinkList llist, DataType x)
83     {
84         PNode p;
85         if (llist == NULL) return NULL;
86         p = llist -> next;
87         while (p!= NULL&&p -> data!= x) p = p -> next;
88         return p;
89     }
90     void print(LinkList head)                   //输出单链表
91     {
92         PNode p = head -> next;
93         while (p)
94         {
95             printf(" % d ", p -> data);
96             p = p -> next;
97         }
98     }
99     void DestoryList_Link(LinkList head)         //释放单链表
100    {
101        PNode pre = head; PNode p = pre -> next;
102        while (p)
103        {
104            free(pre);
105            pre = p;
106            p = pre -> next;
107        }
108        free(pre);
109    }
```

3. main.c

在主函数中编写代码,测试链表的接口算法。

```
1    # include < stdio. h >
2    # include < stdlib. h >
3    # include "LinkList.h"                        //注意包含该头文件
4    int main(void)
5    {
6        LinkList head = NULL;
7        PNode p = NULL;
8        head = SetNullList_Link();
9        printf("判断链表是否为空,1为空,0为非空: ");
10       printf(" % d\n", IsNull_Link(head));
11       CreateList_Head(head);
12       //CreateList_Tail(head);
13       printf("头插法建立完成后的链表: ");
14       //printf("尾插法建立完成后的链表: ");
15       print(head);
16       p = Locate_Link(head, 5);
17       printf("\n 元素 5 在内存中的位置: ");
18       printf(" % p", p);
19       InsertPost_link(head, p, 99);
20       printf("\n 在 5 后面插入 99 后的链表: ");
21       print(head);
22       DelNode_Link(head, 99);
23       printf("\n 删除 99 后的链表: ");
24       print(head);
25       printf("\n");
26       DestoryList_Link(head);
27       return 0;
28   }
```

4. 测试用例和测试结果

头插法和尾插法测试截图分别如图 2-4 和图 2-5 所示。

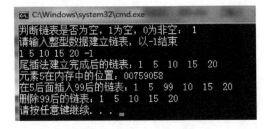

图 2-4　头插法测试截图　　　　　　图 2-5　尾插法测试截图

四、扩展延伸

(1) 在初级实验 2 算法框架的基础上增加如下算法,其功能是在链表 head 中值为

finddata 的元素的后面插入一个新的值为 insertdata 的结点,在主程序中测试该功能并说明算法的时间复杂度和空间复杂度。

```
void InsertPost_Link_value(PNode head,int finddata, int insertdata)
```

(2) 在初级实验 2 算法框架的基础上增加如下算法,其功能是删除单链表中所有值为 x 的元素,在主程序中测试该功能并说明算法的时间复杂度和空间复杂度。

```
void DelValue_Link_ALL(LinkList head,int x)
```

(3) 在初级实验 2 算法框架的基础上增加如下算法,其功能是删除单链表中从第 j 个元素开始的连续 k 个元素,在主程序中测试该功能并说明算法的时间复杂度和空间复杂度。

```
void DelValue_Link_j_k(LinkList head,int j,int k)
```

(4) 在初级实验 2 算法框架的基础上增加如下算法,其功能是以链表中的某个元素 x 对链表进行划分,将单链表以 x 为分割点进行划分,比 x 小的在 x 的前面,比 x 大的在 x 的后面,在主程序中进行测试并说明算法的时间复杂度和空间复杂度。

```
DataType Search_Mid(LinkList head)
```

2.3 初级实验 3

一、实验目的

合并两个单循环有序链表,对于重复的元素值保留一个,删除其他重复的元素。

二、实验内容

链表的基本运算实现,要求至少具有以下功能,并设计主程序测试各个功能。
(1) 创建单循环递增有序链表,用户需按从小到大顺序输入有序数据;
(2) 合并两个有序链表为一个单循环递增有序链表,对于重复的元素值保留一个,删除其他重复的元素;
(3) 输出有序链表。

三、参考代码

1. 本程序的文件结构

本程序的文件结构如图 2-6 所示,说明如下。
(1) DeduplicateLinkList.h:链表头文件,提供了链表类型定义和相关接口说明。
(2) DeduplicateLinkList.c:链表接口的具体实现文件。
(3) main.c:主函数,调用合并两个单循环有序链表的算法,因此需要包含 DeduplicateLinkList.h。

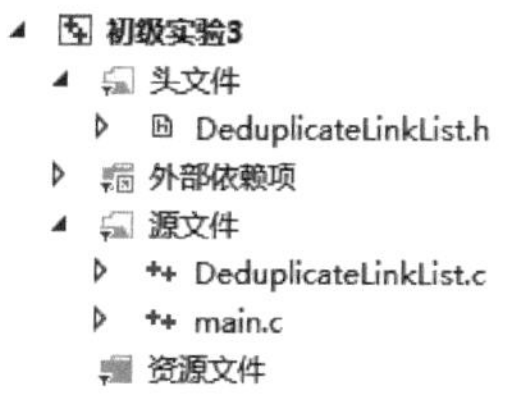

图 2-6 程序的文件结构图

2. 循环链表的实现

（1）DeduplicateLinkList. h。

```
1   # ifndef DEDUPLICATELINKLIST_H
2   # define DEDUPLICATELINKLIST_H
3   typedef int DataType;                              //自定义需要的数据类型
4   struct Node
5   {
6       DataType data;
7       struct Node * next;
8   };
9   typedef struct Node Node;                          //定义链表的结点类型
10  typedef struct Node * PNode;
11  typedef struct Node * LinkList;
12  //函数功能: 创建一个空循环链表
13  //输入参数: 无
14  //返回值: 指向循环链表的尾指针
15  PNode createEmptyLinkedList();
16  //函数功能: 从键盘读取 n 个数据构建单循环链表
17  //输入参数 n: 单循环链表的元素个数
18  //输入参数 tail: 循环链表尾指针
19  //返回值: 指向循环链表的尾指针
20  PNode buildCircularLinkedList(int n, PNode tail);
21  //函数功能: 合并两个循环链表,同时去除重复元素
22  //输入参数 tail1: 第一个循环链表
23  //输入参数 tail2: 第二个循环链表
24  //返回值:指向合并后链表的尾指针
25  PNode mergeNDeduplicateList(PNode tail1, PNode tail2);
26  //函数功能: 输出链表中的元素
27  //输入参数: 循环链表
28  //返回值:无
29  void printCircularLinkedList(PNode tail);
30  # endif
```

（2）DeduplicateLinkList. c。

```
1   # include < stdio. h >
2   # include < stdlib. h >
3   # include" DeduplicateLinkList.h"
4   PNode createEmptyLinkedList()              //创建一个空单循环链表,返回该链表的尾指针
5   {
6       PNode current;
7       current = (PNode)malloc(sizeof(Node));
8       current - > next = NULL;
9       current - > data = - 1;
10      return current;
11  }
12  //从键盘输入 n 个元素构建单循环链表
13  PNode buildCircularLinkedList(int n, PNode tail)
14  {
```

```
15      PNode current, prev;int i;
16      prev = tail;                                    //先将 tail 用作头结点
17      for (i = 0; i < n; i++)
18      {
19         current = (PNode)malloc(sizeof(Node));
20         current - > next = NULL;
21         scanf_s(" % d", &current - > data);
22         prev - > next = current;
23         prev = current;
24      }
25      //让最后一个结点的 next 指针指向开头,构成循环链表
26      current - > next = tail - > next;
27      tail - > next = current;                        //将尾指针指向最后一个元素
28      return tail;
29   }
30   //在合并链表的同时去除重复元素
31   PNode mergeNDeduplicateList(PNode tail1, PNode tail2)
32   {
33      PNode current1, current2, prev1, prev2, tmp;
34      PNode last1, last2;
35      int flag = 1;                                   //用于标记链表 2 的状态, 1 为非空
36      last1 = tail1 - > next; last2 = tail2 - > next;
37      prev1 = last1; prev2 = last2;
38      current1 = prev1 - > next;
39      current2 = prev2 - > next;
40      do                                              //向链表 1 中插入链表 2 中的结点
41      {
42          if (flag && current2 - > data <= current1 - > data)
43          {
44              if (current2 == last2)                  //如果链表 2 仅有一个结点
45              {
46                  current2 - > next = prev1 - > next;
47                  prev1 - > next = current2;
48                  free(tail2);
49                  flag = 0;                           //标记链表 2 为空
50              }
51              else
52              {
53                  prev2 - > next = current2 - > next;
54                  current2 - > next = prev1 - > next;
55                  prev1 - > next = current2;
56                  current2 = prev2 - > next;
57              }
58              prev1 = prev1 - > next;
59          }
60          else
61          {
62              current1 = current1 - > next;
63              prev1 = prev1 - > next;
64          }
65      } while (current1!= last1 - > next);
```

```
66      if (flag)                                        //如果链表2中还有元素未合并
67      {
68          //将链表2剩余的元素整体插入链表1的后面
69          last2 -> next = last1 -> next;
70          last1 -> next = current2;
71          tail1 -> next = last2;
72      }
73      current1 = tail1 -> next;
74      do                                               //去除重复元素
75      {
76          while (current1 -> data == current1 -> next -> data)
77          {
78              if (current1 -> next == tail1 -> next)   //特殊情况,最后两个元素相同
79              {
80                  tail1 -> next = current1;
81              }
82              tmp = current1 -> next;
83              current1 -> next = current1 -> next -> next;
84              free(tmp);
85          }
86          current1 = current1 -> next;
87      } while (current1!= tail1 -> next);
88      return tail1;
89  }
90  void printCircularLinkedList(PNode tail)            //向输出流打印合并去重后的链表
91  {
92      PNode current, last;
93      last = tail -> next;
94      current = last -> next;
95      do
96      {
97          printf(" % d ", current -> data);
98          current = current -> next;
99      } while (current!= last -> next);
100 }
```

3. main.c

在主函数中编写代码,测试循环链表的合并算法。

```
1   # include < stdio. h >
2   # include < stdlib. h >
3   # include"DeduplicateLinkList. h"
4   int main(void)
5   {
6       PNode list1, list2;
7       list1 = createEmptyLinkedList();
8       list2 = createEmptyLinkedList();
9       printf("请输入 5 个数据创建循环链表: ");
10      buildCircularLinkedList(5, list1);
11      printf("请输入 5 个数据创建循环链表: ");
```

```
12      buildCircularLinkedList(5, list2);
13      list1 = mergeNDeduplicateList(list1, list2);
14      printCircularLinkedList(list1);
15      printf("\n");
16      return 0;
17  }
```

4. 测试用例和测试结果

测试用例和测试结果截图如图 2-7 所示。

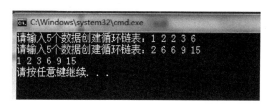

图 2-7　测试截图

四、扩展延伸

（1）在初级实验 3 算法框架的基础上增加如下算法，使算法尽可能高效，其功能是输出单循环有序链表的中位元素，在主程序中进行测试并说明算法的时间复杂度和空间复杂度。

例如有序链表 $S=(1,3,5,7,9)$，则中位数是 5。

DataType Search_Mid(LinkList head)

（2）在初级实验 3 算法框架的基础上增加如下算法，其功能是合并两个有序链表，一个递增，一个递减，并要求在创建链表时用户可乱序输入数据，在主程序中进行测试并说明算法的时间复杂度和空间复杂度。

void Combine(LinkList head1, LinkList head2)

其中，head1 递增，head2 递减。

2.4　中级实验 1

一、实验目的

掌握单链表的应用，用链表表示多项式，并实现多项式的加减运算。

二、实验内容

设计一个一元稀疏多项式简单的加减法计算器，要求如下。
（1）和多项式仍然占用原来的结点空间，并输出和多项式；
（2）多项式按照指数递增的顺序输入，若用户输入的多项式没有按照指数递增，对多项式进行排序；

（3）加法算法要考虑到加法的各种情况。

三、参考代码

1. 本程序的文件结构

本程序的文件结构如图 2-8 所示，说明如下。

（1）PolyAdd. h：头文件，定义了多项式链表类型和相关接口。

（2）PolyAdd. c：PolyAdd. h 头文件定义接口的具体实现文件。

（3）main. c：主函数，调用多项式加法算法，因此需要包含 PolyAdd. h。

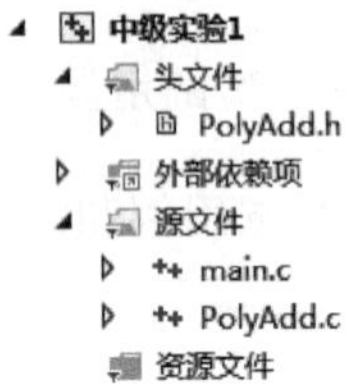

▲ 🔲 中级实验1
　▲ 🗂 头文件
　　▷ 🗎 PolyAdd.h
　▷ 🗂 外部依赖项
　▲ 🗂 源文件
　　▷ ✚ main.c
　　▷ ✚ PolyAdd.c
　　🗂 资源文件

图 2-8　程序的文件结构图

2. 多项式接口的实现

（1）PolyAdd. h。

```
1    # ifndef POLYADD_H
2    # define POLYADD_H
3    struct tagNode
4    {
5        float coef;                      //系数
6        int exp;                         //指数
7        struct tagNode * next;           //指针域
8    };
9    typedef struct tagNode Node;
10   typedef struct tagNode * PNode;
11   //函数功能:将结点插入到链表的适当位置,按照指数升序排列
12   //输入参数 head: 链表头结点
13   //输入参数 pnode: 待插入的结点
14   //返回值:无
15   void insertList(PNode head, PNode pnode);
16   //函数功能:调用 insertList(),创建多项式链表
17   //输入参数 head: 链表头结点
18   //返回值:无
19   void CreateList(PNode head);
20   //函数功能:两个多项式相加
21   //输入参数 pa: 多项式 1
22   //输入参数 pb: 多项式 2
23   //返回值:无
24   void Add_Poly(PNode pa, PNode pb);
25   //函数功能:输出多项式链表
26   //输入参数 head: 链表头结点
27   //返回值:无
28   void printLinkedList(PNode head);
29   # endif
```

（2）PolyAdd.c。

```
1    # include <stdio.h>
2    # include <stdlib.h>
3    # include "PolyAdd.h"
4    //将结点插入到链表的适当位置,这是一个指数升序排列的链表
5    void insertList(PNode head, PNode pnode)      //链表头结点,待插入的结点
6    {
7        PNode pPre = head;
8        while (pPre->next!= NULL)
9        {
10           if (pPre->next->exp > pnode->exp)
11           {
12               pnode->next = pPre->next;
13               pPre->next = pnode;
14               break;
15           }
16           pPre = pPre->next;
17       }//end while(pPre->next!= NULL)
18       if (pPre->next == NULL)                  //如果待插入结点的指数最大,直接插入结点到最后
19           pPre->next = pnode;
20   }
21   void CreateList(PNode head)                  //创建多项式链表
22   {
23       int exp;                                 //指数
24       float coef;                              //系数
25       PNode pTemp = NULL;
26       head->next = NULL;                       //分配好空间,指针域赋值为空
27       //读入多项式
28       printf("请输入要放入链表1中的数据,顺序为系数,指数,若多项式结束,则以 0,0 结尾: \n");
29       //读入数据,以"0,0"结尾,把数据插入到链表中
30       scanf("%f,%d", &coef, &exp);
31       while (coef!= 0 || exp!= 0)
32       {
33           pTemp = (PNode)malloc(sizeof(struct tagNode));
34           pTemp->coef = coef;
35           pTemp->exp = exp;
36           pTemp->next = NULL;
37           insertList(head, pTemp);
38           scanf("%f,%d", &coef, &exp);
39       }
40   }
41   void printLinkedList(PNode head)             //输出链表
42   {
43       PNode temp = head->next;                 //链表的第一个结点
44       while (temp!= NULL)
45       {
46           printf("%0.0f ", temp->coef);
47           printf("%d\n", temp->exp);
48           temp = temp->next;
49       }
```

```
50      }
51      void Add_Poly(PNode pa, PNode pb)              //两个多项式相加
52      {
53          PNode p = pa - > next;                     //链表 1,多项式结果放在链表 1 中
54          PNode q = pb - > next;                     //链表 2
55          PNode pre = pa;
56          PNode u;                                   //临时变量
57          float x;
58          while (p!= NULL && q!= NULL)               //当两个链表都不为空时
59          {
60              if (p - > exp < q - > exp)
61              {//比较链表 1 和链表 2 当前结点的指数大小,链表 1 也是存放结果的地方
62                  //p 指向要比较的下一个结点,pre 指向的是结果链表的最后一个结点
63                  pre = p; p = p - > next;
64              }
65              else if (p - > exp == q - > exp)
66              {//如果链表 1 和链表 2 的指数相等,则要将系数相加
67                  x = p - > coef + q - > coef;
68                  if (x!= 0)                         //如果相加后的系数不为 0,保留一个结点就可以了
69                  {
70                      p - > coef = x; pre = p;
71                  }
72                  else
73                  {//相加后的系数为 0,不需要保留任何一个结点
74                      //在这里删除链表 1 的结点,下面删除链表 2 的结点
75                      pre - > next = p - > next;     //保持链表 1 的连续性
76                      free(p);
77                  }
78                  p = pre - > next; //p 指向要比较的下一个结点
79                  //进行链表 2 结点的删除工作,因为指数相等,仅仅需要保留一个结点
80                  //而结果直接保存在链表 1 中,所以删除链表 2 的结点
81                  u = q;
82                  q = q - > next;
83                  free(u);
84              }//end else if(p - > exp == q - > exp)
85              else{
86  //如果链表 2 的当前结点指数小,那么要把链表 2 的当前结点加入到结果链表中(即链表 1)
87  //相当于把结点插入到链表 1 中,用 u 作为临时变量,保存链表 2 的下一个当前结点的位置
88                  u = q - > next;
89                  q - > next = p;
90                  pre - > next = q;
91                  pre = q;
92                  q = u;
93              }
94          }//end while(p!= NULL & q!= NULL)
95          //如果链表 2 比链表 1 长,那么需要把链表 2 多余的部分加入到结果链表中
96          //如果链表 1 比链表 2 长,则什么都不用做
97          if (q) pre - > next = q;
98          free(pb);
99      }
```

3. main.c

在主函数中编写代码,测试多项式的加法算法。

```
1    # include < stdio. h>
2    # include < stdlib. h>
3    # include "PolyAdd. h"
4    int main(void)
5    {
6        PNode head1 = (PNode)malloc(sizeof(struct tagNode));    //给头指针分配空间
7        PNode head2 = (PNode)malloc(sizeof(struct tagNode));    //给头指针分配空间
8        CreateList(head1);
9        CreateList(head2);
10       printf("\n");
11       Add_Poly(head1, head2);                                 //多项式相加
12       printf("多项式相加的结果为: \n");
13       printLinkedList(head1);
14       printf("\n");
15       return 0;
16   }
```

4. 测试用例和测试结果

测试用例和测试结果截图如图 2-9 所示。

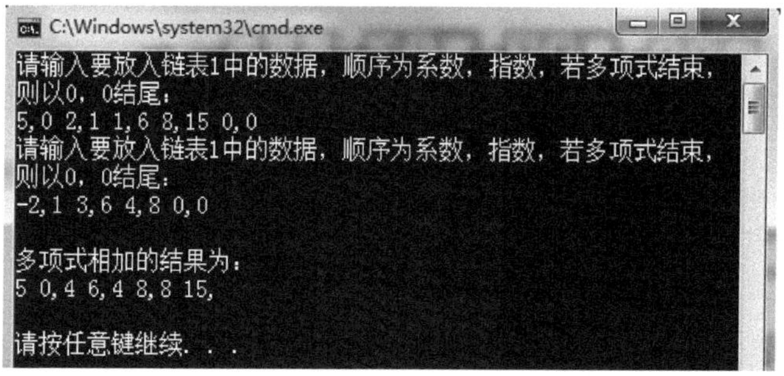

图 2-9 测试截图

四、扩展延伸

(1) 在中级实验 1 算法框架的基础上增加如下算法,其功能是实现多项式的求导运算。

```
Poly_Deri(PNode head)
```

(2) 在中级实验 1 算法框架的基础上增加如下算法,其功能是实现多项式的乘法运算。

```
Poly_Mult(PNode head1,PNode head2)
```

2.5 中级实验 2

一、实验目的

掌握用循环单链表解决 Josephus 问题。

二、实验内容

要求采用循环单链表存储结构实现 Josephus 问题。

问题描述：Josephus 问题即约瑟夫问题，又称约瑟夫环。设有 n 个人坐在一个圆桌周围，现从第 s 个人开始报数，数到第 m 的人出列，然后从出列的下一个人重新开始报数，数到第 m 的人又出列，如此反复，直到所有的人全部出列为止。对于任意给定的 n、s 和 m，求出 n 个人的出列序列。

Josephus 问题举例：例如"n＝9；s＝1；m＝5；"，则出列人的顺序为"5，1，7，4，3，6，9，2，8"。

三、参考代码

1. 本程序的文件结构

本程序的文件结构如图 2-10 所示。

▲ 🔲 中级实验2
　　🔲 头文件
　▷ 🔲 外部依赖项
▲ 🔲 源文件
　▷ ➕ josephus.c
　　🔲 资源文件

图 2-10　程序的文件结构图

2. josephus.c

```
1    # include < stdio. h>
2    # include < stdlib. h>
3    typedef int DataType;
4    struct Node
5    {
6        DataType data;
7        struct Node * next;
8    };
9    typedef struct Node Node;
10   //函数功能: 给出具体条件下 Josephus 问题的解
11   //输入参数: n 为总人数, m 为间隔, s 为起始位置
12   //返回值: answer 为问题的答案
13   int josephus( int n, int s, int m)
14   {
15       Node * current, * prev, * head;
16       head = (Node * )malloc(sizeof(Node));
17       int answer, i;
18       prev = head;
19       for (i = 1; i < = n; i++)              //用尾插法建立循环链表
20       {
21           current = (Node * )malloc(sizeof(Node));
```

```
22              current - > data = i;
23              prev - > next = current;
24              prev = current;
25          }
26      prev - > next = head - > next;          //最后一个结点的指针指向开头,构成循环链表
27      current = head - > next;
28      for ( i = 1; i < s; i++)
29      {
30          prev = prev - > next;
31          current = current - > next;          //current 指针移动 s - 1 次,指向起始结点
32      }
33      while ( current - > next != current)   //循环,直到链表只剩一个元素
34      {
35          for ( i = 1; i < m; i++)
36          {
37              prev = prev - > next;
38              //current 指针移动 m - 1 次,指向要删除的结点
39              current = current - > next;
40          }
41          prev - > next = current - > next;
42          free(current);                       //删除该结点
43          current = prev - > next;
44      }//end while( current - > next != current)
45      answer = current - > data;
46      return answer;
47  }
48  int main( void)
49  {
50      int n,m, s, answer;                      //n 为总人数, s 为起始位置, m 为间隔
51      //第 s 个人从 1 开始报数, 报到 m 的人出列, 下一个人再从 1 开始报数
52      printf("请输入总人数 n,起始位置 s,间隔 m\n");
53      scanf_s(" % d, % d, % d", &n,&s,&m);
54      answer = josephus(n, s, m);
55      printf("最后出列的是第 % d 个人\n", answer);
56      return 0;
57  }
```

3. 测试用例和测试结果

测试用例和测试结果截图如图 2-11 所示。

图 2-11 测试截图

四、扩展延伸

(1) 实现 Josephus 变形 1：输入 n、s、m，输出第 j 个人是第几个出来的。
(2) 实现 Josephus 变形 2：给定 n、s 和最后一个出列者的编号，求最小的 m。

2.6 高级实验

一、实验目的

掌握接口封装的方法，掌握动态链接库 DLL 的建立和调用。

二、实验内容

实现对单链表接口的 DLL 封装，要求如下。
(1) 封装本章初级实验 2 的接口；
(2) 写出测试程序对 DLL 接口进行测试；
(3) 给出隐式调用接口的方法。

三、参考代码

1. 本程序的文件结构

本实验包含两个工程，CreateDLL 创建 DLL 工程，TestDLL_implicit 测试 DLL 工程，采用隐式调用方法。程序文件结构如图 2-12 所示，说明如下。

(1) Create. DLL. h：链表头文件，提供了链表类型定义和相关接口说明。

(2) Create. DLL. c：链表接口的具体实现文件。

(3) Test. DLL. c：对链表接口进行测试，需要包含 Create. DLL. h。

2. 创建 DLL

(1) Create. DLL. h。

```
1   #ifndef CREATE_DLL_H
2   #define CREATE_DLL_H
3   typedef int DataType;                    //定义单链表的数据类型为整型
4   struct Node{
5       DataType data;                       //数据域
6       struct Node * next;                  //指针域
7   };
8   typedef struct Node * PNode;             //定义指向结构体的 PNode 类型
9   typedef struct Node * LinkList;          //定义链表类型
10  //函数功能：创建带有头结点的空链表
11  //输入参数：无
```

▲ ■ CreateDLL
   ▲ ■ 头文件
     ▷ ■ Create_DLL.h
   ▷ ■ 外部依赖项
   ▲ ■ 源文件
     ▷ ■ Create_DLL.c
   ■ 资源文件
▲ ■ TestDLL_implicit
   ▲ ■ 头文件
     ▷ ■ Create_DLL.h
   ▷ ■ 外部依赖项
   ▲ ■ 源文件
     ▷ ■ Test_DLL.c
   ■ 资源文件

图 2-12　程序的文件结构图

```
12   //返回值：空链表
13   _declspec(dllexport) LinkList SetNullList_Link();
14   //函数功能：判断链表是否为空
15   //输入参数：链表
16   //返回值：为空返回 1,否则返回 0
17   _declspec(dllexport) int IsNull_Link(LinkList llist);
18   //函数功能：用头插法建立单链表
19   //输入参数：链表头结点
20   //返回值：无
21   _declspec(dllexport) void CreateList_Head(struct Node * head);
22   //函数功能：用尾插法建立单链表
23   //输入参数：链表头结点
24   //返回值：无
25   _declspec(dllexport) void CreateList_Tail(struct Node * head);
26   //函数功能：在 llist 链表中的结点 p 之后插入一个值为 x 的结点
27   //输入参数 llist：链表
28   //输入参数 p：插入位置
29   //输入参数 x：待插入的元素
30   //返回值：若成功,返回 1,否则返回 0
31   _declspec(dllexport) int InsertPost_link(LinkList llist, PNode p, DataTypex);
32   //函数功能：删除第一个与输入参数相等的值的结点
33   //输入参数 llist：链表
34   //输入参数 data：待删除的结点中数据域的值
35   //返回值：无
36   _declspec(dllexport) void DelNode_Link(struct Node * head, int data);
37   //函数功能：在 llist 链表中查找值为 x 的结点
38   //输入参数 llist：链表
39   //输入参数 x：待查找的元素
40   //返回值：在内存中的位置
41   _declspec(dllexport) PNode Locate_Link(LinkList llist, DataType x);
42   //函数功能：输出单链表
43   //输入参数 head：链表头结点
44   //返回值：无
45   _declspec(dllexport) void print(LinkList head);
46   //函数功能：释放单链表
47   //输入参数 head：链表头结点
48   //返回值：无
49   _declspec(dllexport) void DestoryList_Link(LinkList head);   //释放单链表
50   #endif
```

（2）Create.DLL.c。

```
1   #include<stdio.h>
2   #include<stdlib.h>
3   #include "Create_DLL.h"
4   //以下链表的接口实现同本章初级实验 2 中的 LinkList.c,这里不再赘述
```

3. 测试 DLL

Test.DLL.c：

```
1   #include<stdio.h>
2   #include "Create_DLL.h"
3   //隐式链接方式一：在 linker 的 input 中添加依赖项 lib 文件
```

```
4      //隐式链接方式二：#pragma comment(lib,"Create_DLL")
5      #pragma comment(lib,"CreateDLL")
6      int main(void)
7      {
8          LinkList head = NULL;
9          PNode p = NULL;
10         head = SetNullList_Link();
11         printf("判断链表是否为空,1 为空,0 为非空：");
12         printf("%d\n", IsNull_Link(head));
13         CreateList_Head(head);
14         //CreateList_Tail(head);
15         printf("头插法建立完成后的链表：");
16         //printf("尾插法建立完成后的链表：");
17         print(head);
18         p = Locate_Link(head, 5);
19         printf("\n 元素 5 在内存中的位置：");
20         printf("%p", p);
21         InsertPost_link(head, p, 99);
22         printf("\n 在 5 后面插入 99 后的链表：");
23         print(head);
24         DelNode_Link(head, 99);
25         printf("\n 删除 99 后的链表：");
26         print(head);
27         printf("\n");
28         DestoryList_Link(head);
29         return 0;
30     }
```

4．测试用例和测试结果

测试用例和测试结果截图如图 2-13 所示。

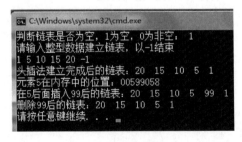

图 2-13　测试截图

四、扩展延伸

（1）采用显式调用方法测试 DLL。

（2）使用 Dumpbin.exe 程序测试本实验的可执行程序调用了 Windows 的哪些 DLL。

说明：Dumpbin.exe 存放在 VS 安装目录中。

第3章

栈和队列

3.1 初级实验1

一、实验目的

掌握栈数据结构的实现,并应用栈实现输入序列的反转,从而验证各个栈的基本操作。

二、实验内容

栈的实现分别用顺序栈和链栈实现,要求至少具有以下基本接口,并在主程序中调用这些接口实现输入序列的反转。

(1)创建空栈;

(2)进栈;

(3)出栈;

(4)判断栈是否为空;

(5)取栈顶元素值;

(6)判断栈是否满(如果用顺序栈)。

三、参考代码

1. 顺序栈

(1)本程序的文件结构如图 3-1 所示,说明如下。

① SeqStack.h:顺序栈头文件,提供了顺序栈的数据结构类型定义和接口说明。

② SeqStack.c:顺序栈接口的实现文件。

③ main.c:主函数,使用顺序栈实现序列的反转。

(2)SeqStack.h。

```
1   #ifndef SEQSTACK_H
2   #define SEQSTACK_H
3   typedef int DataType;
```

▲ 🔲 初级实验1顺序栈
　　▲ 🗁 头文件
　　　　▷ 🗎 SeqStack.h
　　▷ 🗁 外部依赖项
　　▲ 🗁 源文件
　　　　▷ ✛ main.c
　　　　▷ ✛ SeqStack.c
　　　　🗐 资源文件

图 3-1　程序的文件结构图

```
4     struct SeqStack
5     {
6         int MAX;                              //最大容量
7         int top;                              //栈顶指针
8         DataType * elem;                      //存放元素的起始指针
9     };
10    typedef struct SeqStack * SeqStack;
11    //函数功能:创建空顺序栈
12    //输入参数 m:顺序栈的最大容量
13    //返回值: 空的顺序栈
14    SeqStack SetNullStack_Seq(int m);
15    //函数功能:判断一个栈是否为空
16    //输入参数 sstack: 顺序栈
17    //返回值: 空栈返回 1,否则返回 0
18    int IsNullStack_seq(SeqStack sstack);
19    //函数功能:进栈
20    //输入参数 sstack: 顺序栈
21    //输入参数 x: 进栈元素
22    //返回值:无
23    void Push_seq(SeqStack sstack, int x);
24    //函数功能:出栈
25    //输入参数 sstack: 顺序栈
26    //返回值:无
27    void Pop_seq(SeqStack sstack);
28    //函数功能:求栈顶元素的值
29    //输入参数 sstack: 顺序栈
30    //返回值: 栈顶元素的值
31    DataType Top_seq(SeqStack sstack);
32    #endif
```

（3）SeqStack.c。

```
1     # include < stdlib.h >
2     # include < stdio.h >
3     # include "SeqStack.h"
4     SeqStack SetNullStack_Seq(int m)                    //创建空顺序栈
5     {
6         SeqStack sstack = (SeqStack)malloc(sizeof(struct SeqStack));
7         if (sstack!= NULL)
8         {
9             sstack -> elem = (int * )malloc(sizeof(int) * m);
10            if (sstack -> elem!= NULL)
11            {
12                sstack -> MAX = m;
13                sstack -> top =- 1;
14                return(sstack);
15            }
16            else
17            {
18                free(sstack);
19                printf("out of space");
```

```
20                return NULL;
21            }
22        }
23        else
24        {
25            printf("out of space");
26            return NULL;
27        }
28  }
29  int IsNullStack_seq(SeqStack sstack)          //判断一个栈是否为空
30  {
31      return(sstack->top==-1);
32  }
33  void Push_seq(SeqStack sstack, int x)          //入栈
34  {
35      if (sstack->top>=(sstack->MAX - 1))        //检查栈是否满
36          printf("overflow! \n");
37      else
38      {
39          sstack->top++;                         //若不满,先修改栈顶变量
40          sstack->elem[sstack->top]=x;           //把元素 x 放到栈顶变量的位置中
41      }
42  }
43  void Pop_seq(SeqStack sstack)                  //出栈
44  {
45      if (IsNullStack_seq(sstack))               //判断栈是否为空
46          printf("Underflow!\n");
47      else
48          sstack->top=sstack->top-1;             //栈顶减 1
49  }
50  DataType Top_seq(SeqStack sstack)              //求栈顶元素的值
51  {
52      if (IsNullStack_seq(sstack))               //判断 sstack 所指的栈是否为空栈
53      {
54          printf("it is empty");
55          return 0;
56      }
57      else
58          return sstack->elem[sstack->top];
59  }
```

（4）main.c。

```
1   //写出主程序,对栈的所有基本算法进行测试
2   //要求输入一个序列,通过栈实现序列的反转
3   #include<stdlib.h>
4   #include<stdio.h>
5   #include"SeqStack.h"
6   int main(void)
7   {
8       SeqStack p=SetNullStack_Seq(5);            //创建一个空栈
```

```
9        int data;
10       printf("请输入进栈的元素,以 0 结束:");
11       scanf_s(" % d", &data);
12       while(data!= 0)
13       {
14           Push_seq(p, data);                    //进栈
15           scanf_s(" % d,", &data);
16       }
17       printf("出栈元素的顺序是:");
18       while (!IsNullStack_seq(p))                //是否为空栈
19       {
20           printf(" % d ", Top_seq(p));           //取栈顶元素
21           Pop_seq(p);                            //出栈
22       }
23       printf("\n");
24       return 0;
25   }
```

（5）测试用例和测试结果。测试用例和测试结果截图如图 3-2 所示。

图 3-2　测试截图

2. 链栈

（1）本程序的文件结构如图 3-3 所示,说明如下。

① LinkStack.h：链栈头文件,提供了链栈的数据结构类型定义和接口说明。

② LinkStack.c：链栈接口的实现文件。

③ main.c：主函数,使用链栈实现序列的反转。

（2）LinkStack.h。

图 3-3　程序的文件结构图

```
1    # ifndef LINKSTACK_H
2    # define LINKSTACK_H
3    typedef int DataType;
4    struct Node
5    {
6        DataType    data;
7        struct Node * next;
8    };
9    typedef struct Node  * PNode;
10   typedef struct Node  * LinkStack;
11   //函数功能:创建空链栈
12   //输入参数:无
13   //返回值:空的链栈
```

```
14   LinkStack SetNullStack_Link();
15   //函数功能:判断一个链栈是否为空
16   //输入参数 top: 链栈栈顶指针
17   //返回值: 空栈返回 1, 否则返回 0
18   int IsNullStack_link(LinkStack top);
19   //函数功能:进栈
20   //输入参数 top: 链栈栈顶指针
21   //输入参数 x: 进栈元素
22   //返回值: 无
23   void Push_link(LinkStack top, DataType x);
24   //函数功能:出栈
25   //输入参数 top: 链栈栈顶指针
26   //返回值: 无
27   void Pop_link(LinkStack top);
28   //函数功能:求栈顶元素的值
29   //输入参数 top: 链栈栈顶指针
30   //返回值: 栈顶元素的值
31   DataType Top_link(LinkStack top);
32   #endif
```

（3）LinkStack.c。

```
1    #include <stdio.h>
2    #include <stdlib.h>
3    #include "LinkStack.h"
4    LinkStack SetNullStack_Link()                    //创建带有头结点的空链栈
5    {
6        LinkStack top = (LinkStack)malloc(sizeof(struct Node));
7        if (top!= NULL) top->next = NULL;
8        else printf("Alloc failure");
9        return top;                                  //返回栈顶指针
10   }
11   int IsNullStack_link(LinkStack top)              //判断一个链栈是否为空
12   {
13       if (top->next == NULL)
14           return 1;
15       else
16           return 0;
17   }
18   void Push_link(LinkStack top, DataType x)        //进栈
19   {
20       PNode p;
21       p = (PNode)malloc(sizeof(struct Node));
22       if (p == NULL)
23           printf("Alloc failure");
24       else
25       {
26           p->data = x;
27           p->next = top->next;
28           top->next = p;
29       }
```

```
30   }
31   void Pop_link(LinkStack top)                        //删除栈顶元素
32   {
33       PNode p;
34       if (top->next == NULL)
35           printf("it is empty stack!");
36       else
37       {
38           p = top->next;
39           top->next = p->next;
40           free(p);
41       }
42   }
43   DataType Top_link(LinkStack top)                    //求栈顶元素的值
44   {
45       if (top->next == NULL)
46       {
47           printf("It is empty stack!");
48           return 0;
49       }
50       else
51           return top->next->data;
52   }
```

（4）main.c。

```
1    //写出主程序,对栈的所有基本算法进行测试
2    //要求输入一个序列,通过栈实现序列的反转
3    # include <stdlib.h>
4    # include <stdio.h>
5    # include "LinkStack.h"
6    int main(void)
7    {
8        LinkStack p = SetNullStack_Link(5);            //创建一个空栈
9        int data;
10       printf("请输入进栈的元素,以 0 结束:");
11       scanf_s("%d", &data);
12       while(data!= 0)
13       {
14           Push_link(p, data);                        //进栈
15           scanf_s("%d", &data);
16       }
17       printf("出栈元素的顺序是:");
18       while(!IsNullStack_link(p))                     //是否为空栈
19       {
20           printf("%d ", Top_link(p));                 //取栈顶元素
21           Pop_link(p);                               //出栈
22       }
23       printf("\n");
24       return 0;
25   }
```

（5）测试用例和测试结果。测试用例和测试结果截图如图 3-4 所示。

图 3-4 测试截图

四、扩展延伸

（1）运行顺序栈程序，输入为"1,3,5,7,9,11,0"，输出结果是什么？分析为什么。

（2）如果顺序栈的栈顶初始设置为 sstack-> top＝0，则需要修改顺序栈的哪些接口？并说明是否影响序列反转的实现。

（3）链栈的基本接口无清空栈的操作，说明清空栈的主要工作，并编程实现该操作。

3.2 初级实验 2

一、实验目的

使用链栈实现括号匹配算法和进制转换算法，包括十进制转换为八进制和十六进制。

二、实验内容

调用本章初级实验 1 给出的链栈接口，实现以下 3 个算法。

（1）括号匹配算法：要求用户输入带有圆括号的表达式，如果圆括号匹配，输出 1，否则输出 0。

（2）十进制转换为八进制：要求用户在键盘上输入一个十进制数，输出其对应的八进制数。

（3）十进制转换为十六进制：要求用户在键盘上输入一个十进制数，输出其对应的十六进制数。

三、参考代码

1. 本程序的文件结构

本程序的文件结构如图 3-5 所示，说明如下。

（1）LinkStack.h：链栈头文件，提供了链栈的数据结构类型定义和接口说明。

（2）BracketMatch.c：括号匹配文件，实现圆括号的匹配算法。

（3）Conversion.c：进制转换文件，实现十进制到八进制以及十进制到十六进制的转换。其中 BracketMatch.c 和 Conversion.c

▲ 🔲 初级实验2
    ▲ 🗂 头文件
        ▷ 📄 LinkStack.h
    ▷ 🗂 外部依赖项
    ▲ 🗂 源文件
        ▷ ✦✦ BracketMatch.c
        ▷ ✦✦ Conversion.c
        ▷ ✦✦ LinkStack.c
    🗂 资源文件

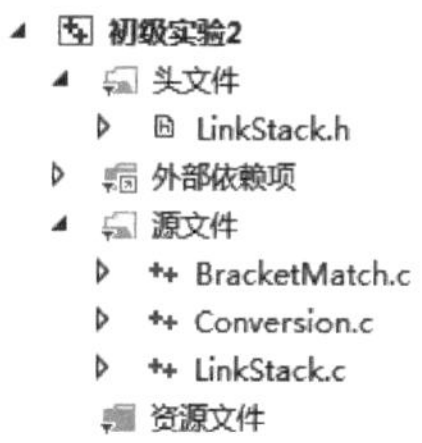

图 3-5 程序的文件结构图

都使用了链栈,因此需要包含 LinkStack.h 链栈头文件。

(4) LinkStack.c:链栈接口的实现文件。

2. 括号匹配算法

(1) BracketMatch.c 包含了括号匹配函数和主函数。

```
1    # include < stdio. h >
2    # include < stdlib. h >
3    # include "LinkStack.h"
4    int BracketMatch( LinkStack mystack)                //括号匹配算法
5    {
6        int flag = 1;                                  //flag 为 1 则括号匹配
7        char ch, temp;
8        Push_link(mystack,'#');                        //栈底放 #
9        printf("请输入要判断的表达式,用#号结束:");
10       scanf_s(" % c",&ch);
11       while (ch!= '#')
12       {
13           if (ch == '(')                             //左括号,压栈
14               Push_link(mystack, ch);
15           else
16           {
17               if (ch == ')')                         //右括号,出栈
18               {
19                   temp = Top_link(mystack);
20                   if (temp == '(')
21                       Pop_link(mystack);
22                   else
23                   {
24                       flag = 0; break;
25                   }
26               }//end if(ch == ')')
27           }//end if(ch == '(')
28           scanf_s(" % c",&ch);
29       }//end while(ch!= '#')
30       if (!flag || Top_link(mystack)!= '#')
31       {
32           printf("no\n");
33           return 0;
34       }
35       else
36       {
37           printf("yes\n");
38           return 1;
39       }
40   }
41   int main(void)
42   {
43       LinkStack mystack = NULL;
44       mystack = SetNullStack_Link();
```

```
45        BracketMatch(mystack);
46        return 0;
47    }
```

（2）测试用例和测试结果。测试用例和测试结果截图如图 3-6 所示。

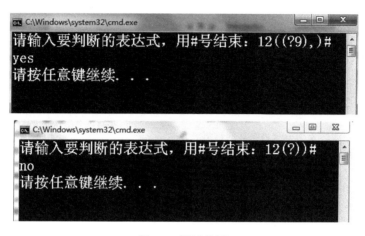

图 3-6　测试截图

3. 进制转换算法

（1）Conversion.c 包含了进制转换函数和主函数。

```
1    # include <stdio.h>
2    # include <stdlib.h>
3    # include "LinkStack.h"
4    void Conversion(LinkStack ps, int n)              //实现八进制的转换
5    {
6        int temp;
7        while (n)
8        {
9            Push_link(ps, n % 8);
10           n/= 8;
11       }
12       printf("转换为八进制后的结果:");
13       while (!IsNullStack_link(ps))
14       {
15           temp = Top_link(ps);
16           printf("%d", temp);
17           Pop_link(ps);
18       }
19   }
20   void Hexconversion(LinkStack ps, int n)           //实现十六进制的转换
21   {
22       int temp;
23       while (n)
24       {
25           int temp = n % 16;
```

```
26            switch (temp)
27            {
28            case 10:temp = 'A'; break;
29            case 11:temp = 'B'; break;
30            case 12:temp = 'C'; break;
31            case 13:temp = 'D'; break;
32            case 14:temp = 'E'; break;
33            case 15:temp = 'F'; break;
34            }
35            Push_link(ps, temp);
36            n = n / 16;
37        }
38      printf("转换为十六进制后的结果:");
39      while (!IsNullStack_link(ps))
40        {
41            temp = Top_link(ps);
42            if (temp < 10) printf(" % d", temp);
43            else printf(" % c", temp);
44            Pop_link(ps);
45        }
46  }
47  int main(void)
48  {
49      LinkStack mystack = NULL;
50      int n, m;
51      mystack = SetNullStack_Link();
52      printf("请输入需要转换为八进制的十进制数:");
53      scanf_s(" % d",&n);
54      Conversion(mystack, n);
55      printf("\n");
56      printf("请输入需要转换为十六进制的十进制数:");
57      scanf_s(" % d", &m);
58      Hexconversion(mystack, m);
59      printf("\n");
60      return 0;
61  }
```

（2）测试用例和测试结果。测试用例和测试结果截图如图 3-7 所示。

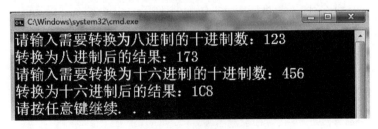

图 3-7　测试截图

四、扩展延伸

模拟 Windows 系统的计算器功能,实现一个简单易用的进制转换计算器,其功能主要是进行二进制、十进制、八进制和十六进制 4 种进制之间的相互转换。

3.3 初级实验 3

一、实验目的

掌握队列的基本操作,并应用栈和队列实现回文的判断。

二、实验内容

队列可以用链队列实现,也可以用顺序队列(循环)实现,要求至少具有以下基本接口,并使用队列实现回文算法,在主程序中进行测试。

(1) 创建空队列;

(2) 入队;

(3) 出队;

(4) 判断队列是否为空;

(5) 取队头元素值;

(6) 判断队列是否满(如果是顺序队列);

(7) 回文判断算法。

三、参考代码

1. 本程序的文件结构

本程序的文件结构如图 3-8 所示,说明如下。

(1) LinkStack.h:链栈头文件,同 3.1 节中的链栈定义。

(2) LinkStack.c:链栈接口的实现文件。

(3) LinkQueue.h:链队列头文件,提供了链队列的数据结构类型定义和接口说明。

(4) LinkQueue.c:链队列接口的实现文件。

(5) SeqQueue.h:循环队列头文件,提供了循环队列的数据结构类型定义和接口说明。

(6) SeqQueue.c:循环队列接口的实现文件。

(7) Polm.c:回文判断文件,实现回文判断算法。Polm.c 使用了链栈和循环队列,因此该文件中需要包含 LinkStack.h 和 SeqQueue.h。

图 3-8 程序的文件结构图

2. 循环队列

(1) SeqQueue.h。

```
1    #ifndef SEQQUEUE_H
2    #define SEQQUEUE_H
3    typedef int DataType;
4     struct Queue
5     {
6         int Max;                                    //循环队列的最大容量
7         int f;                                      //队头
8         int r;                                      //队尾
9         DataType *elem;                             //存放队列元素的一维数组首地址
10    };
11   typedef struct Queue *SeqQueue;
12   //函数功能:创建空循环队列
13   //输入参数 m:循环队列的最大容量
14   //返回值:空的循环队列
15   SeqQueue SetNullQueue_seq(int m);
16   //函数功能:判断一个循环队列是否为空
17   //输入参数 squeue: 循环队列指针
18   //返回值:空队列返回1,否则返回0
19   int IsNullQueue_seq(SeqQueue squeue);
20   //函数功能:进队
21   //输入参数 squeue: 循环队列指针
22   //输入参数 x: 进队元素
23   //返回值:无
24   void EnQueue_seq(SeqQueue squeue, DataType x);
25   //函数功能:出队
26   //输入参数 squeue: 循环队列指针
27   //返回值:无
28   void DeQueue_seq(SeqQueue squeue);
29   //函数功能:求队头元素的值
30   //输入参数 squeue: 循环队列指针
31   //返回值: 队头元素的值
32   DataType FrontQueue_seq(SeqQueue squeue);
33   #endif
```

(2) SeqQueue.c。

```
1    #include <stdio.h>
2    #include <stdlib.h>
3    #include "SeqQueue.h"
4    SeqQueue SetNullQueue_seq(int m)                 //创建空队列
5    {
6        SeqQueue squeue;
7        squeue = (SeqQueue)malloc(sizeof(struct Queue));
8        if (squeue == NULL)
9        {
10           printf("Alloc failure\n");
11           return NULL;
```

```
12          }
13          squeue -> elem = (int *)malloc(sizeof(DataType) * m);
14          if (squeue -> elem != NULL)
15          {
16              squeue -> Max = m;
17              squeue -> f = 0;
18              squeue -> r = 0;
19              return squeue;
20          }
21      else free(squeue);
22  }
23  int IsNullQueue_seq(SeqQueue squeue)              //判断队列是否为空
24  {
25      return (squeue -> f == squeue -> r);
26  }
27  void EnQueue_seq(SeqQueue squeue, DataType x)      //入队
28  {
29      if ((squeue -> r + 1) % squeue -> Max == squeue -> f)   //是否满
30          printf("It is FULL Queue!");
31      else
32      {
33          squeue -> elem[squeue -> r] = x;
34          squeue -> r = (squeue -> r + 1) % (squeue -> Max);
35      }
36  }
37  void DeQueue_seq(SeqQueue squeue)                  //出队
38  {
39      if (IsNullQueue_seq(squeue))
40          printf("It is empty queue!\n");
41      else
42          squeue -> f = (squeue -> f + 1) % (squeue -> Max);
43  }
44  DataType FrontQueue_seq(SeqQueue squeue)           //求队头元素
45  {
46      if (squeue -> f == squeue -> r)
47          printf("It is empty queue!\n");
48      else
49          return(squeue -> elem[squeue -> f]);
50  }
```

3. 链队列

（1）LinkQueue.h。

```
1   # ifndef LINKQUEUE_H
2   # define LINKQUEUE_H
3   typedef int DataType;
4   struct Node
5   {
6       DataType data;                            //数据域
7       struct Node * next;
```

```
8    };
9    typedef struct Node  * PNode;
10   struct Queue
11   {  PNode   f;
12      PNode   r;
13   };
14   typedef struct Queue  * LinkQueue;
15   //函数功能:创建空链队列
16   //输入参数: 无
17   //返回值: 空的链队列
18   LinkQueue SetNullQueue_Link();
19   //函数功能:判断一个链队列是否为空
20   //输入参数 lqueue: 链队指针
21   //返回值: 空队列返回 1,否则返回 0
22   int IsNullQueue_Link(LinkQueue lqueue);
23   //函数功能:进队
24   //输入参数 lqueue: 链队指针
25   //输入参数 x: 进队元素
26   //返回值: 无
27   void EnQueue_link(LinkQueue lqueue, DataType x);
28   //函数功能:出队
29   //输入参数 lqueue: 链队指针
30   //返回值: 无
31   void DeQueue_link(LinkQueue lqueue);
32   //函数功能:求队头元素的值
33   //输入参数 lqueue: 链队指针
34   //返回值: 队头元素的值
35   DataType FrontQueue_link(LinkQueue lqueue);
36   #endif
```

（2）LinkQueue.c。

```
1    #include <stdio.h>
2    #include <stdlib.h>
3    #include "LinkQueue.h"
4    LinkQueue SetNullQueue_Link()                    //创建空队列
5    {
6        LinkQueue lqueue = NULL;
7        lqueue = (LinkQueue)malloc(sizeof(struct Queue));
8        if (lqueue!= NULL)
9        {
10           lqueue -> f = NULL;
11           lqueue -> r = NULL;
12       }
13       else
14           printf("Alloc failure! \n");
15       return lqueue;
16   }
17   int IsNullQueue_Link(LinkQueue lqueue)           //判断队列是否为空
18   {
19       return (lqueue -> f == NULL);
```

```
20      }
21      void EnQueue_link(LinkQueue lqueue, DataType x)        //入队
22      {
23          PNode p;
24          p = (PNode)malloc(sizeof(struct Node));
25          if (p == NULL)
26              printf("Alloc failure!");
27          else
28          {
29                  p -> data = x;
30                  p -> next = NULL;
31                  if (lqueue -> f == NULL)                  //空队列的特殊处理
32                  {
33                      lqueue -> f = p;
34                      lqueue -> r = p;
35                  }
36                  else
37                  {
38                      lqueue -> r -> next = p;
39                      lqueue -> r = p;
40                  }
41          }
42      }
43      void DeQueue_link(LinkQueue lqueue)                    //出队
44      {
45          struct Node * p;
46          if (lqueue -> f == NULL)
47              printf( "It is empty queue!\n ");
48          else
49          {
50              p = lqueue -> f;
51              lqueue -> f = lqueue -> f -> next;
52              free(p);
53          }
54      }
55      DataType FrontQueue_link(LinkQueue lqueue)             //求队头元素
56      {
57          if (lqueue -> f == NULL)
58          {
59              printf("It is empty queue!\n");
60              return 0;
61          }
62          else
63              return (lqueue -> f -> data);
64      }
```

4. 回文的判断

（1）Polm. c。

```
1    # include < stdio. h>
```

```
2    # include < stdlib. h>
3    # include "LinkStack. h"
4    # include "SeqQueue. h"
5    int main(void)
6    {
7        char ch;
8        int flag;
9        LinkStack stack_pal = SetNullStack_Link();
10       SeqQueue queue_pal = SetNullQueue_seq(10);
11       printf("输入字符串以 # 结束\n");
12       ch = getchar();
13       while (ch != '#')
14       {
15           Push_link(stack_pal, ch);
16           EnQueue_seq(queue_pal, ch);
17           ch = getchar();
18       }
19       flag = 1;
20       while ((!IsNullStack_link(stack_pal)) &&(!IsNullQueue_seq(queue_pal)))
21       {
22           if (Top_link(stack_pal)!= FrontQueue_seq(queue_pal))
23           {
24               flag = 0;
25               break;
26           }
27           else {
28               Pop_link(stack_pal);
29               DeQueue_seq(queue_pal);
30           }
31       }
32       if (flag)
33           printf("this is palindromic\n");
34       else
35           printf("this is NOT palindromic\n");
36        return 0;
37   }
```

（2）测试用例和测试结果。测试用例和测试结果截图如图 3-9 所示。

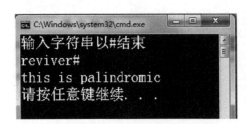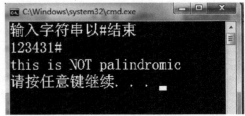

图 3-9　测试截图

四、扩展延伸

1. 重复定义问题

在回文算法中,如果同时使用书中给出的链式栈和链式队列数据结构来实现,会报错。这是因为书中给出的链式栈和链式队列的头文件中都包含有以下相同的定义。请运行程序,给出错误截图,并思考对于这样的情况需要如何处理。

```
typedef int DataType;
struct Node{
DataType        data;
struct Node * next;
};
typedef struct Node * PNode;
```

2. 循环队列的另一种实现

循环队列可以解决顺序队列假溢出的问题,假设用一维数组 seqqu[m] 表示一个循环队列,设置变量 front 和 count 分别表示循环队列的头指针和队列长度计数器,注意不设尾指针,头指针比队列实际第一个元素超前一个位置,要求实现以下接口并用主程序进行测试:创建空队列、判断队列是否为空、入队、出队和取队头元素。

3.4　初级实验 4

一、实验目的

掌握用循环链表来表示队列的方法。

二、实验内容

以循环链表来表示队列,只设置一个尾指针,指向队尾结点,不设置头指针,要求具有下列接口,并写出主程序测试各个接口。

（1）创建空队列；

（2）队列是否为空；

（3）入队；

（4）出队；

（5）取队头元素。

三、参考代码

1. 本程序的文件结构

本程序的文件结构如图 3-10 所示,说明如下。

（1）ListQueue.h：链表队列头文件,提供了链表队列的

▲ 📷 初级实验4
　　▲ 📁 头文件
　　　　▷ 📄 ListQueue.h
　　▷ 📁 外部依赖项
　　▲ 📁 源文件
　　　　▷ ✚ ListQueue.c
　　　　▷ ✚ main.c
　　　📁 资源文件

图 3-10　程序的文件结构图

数据结构类型定义和接口说明。

（2）ListQueue.c：链表队列接口的实现文件。

（3）main.c：主程序，对链表队列接口进行测试，因此需要包含 ListQueue.h。

2. 链表队列的实现

（1）ListQueue.h。

```
1    # ifndef LISTQUEUE_H
2    # define LISTQUEUE_H
3    typedef int DataType;
4    struct Node
5    {
6        DataType data;
7        struct Node   * next;
8    };
9    typedef struct Node * PNode;
10   struct ClinkQueue
11   {
12       PNode r;
13   };
14   typedef struct ClinkQueue * LinkQueue;
15   //函数功能:创建空队列
16   //输入参数: 无
17   //返回值: 空的队列
18   LinkQueue createEmptyQueue_clink();
19   //函数功能:判断一个队列是否为空
20   //输入参数 pcqu: 队列
21   //返回值: 空队列返回 1,否则返回 0
22   int isEmpty_clink(LinkQueue pcqu);
23   //函数功能:进队
24   //输入参数 pcqu: 队列
24   //输入参数 x: 进队元素
25   //返回值:无
26   void enQueue_clink(LinkQueue pcqu, DataType x);
27   //函数功能:出队
28   //输入参数 pcqu: 队列
29   //返回值:无
30   void deQueue_clink(LinkQueue pcqu);
31   //函数功能:求队头元素的值
32   //输入参数 pcqu: 队列
33   //返回值: 队头元素的值
34   DataType frontQueue_clink(LinkQueue pcqu);
35   # endif
```

（2）ListQueue.c。

```
1    # include < stdio.h >
2    # include < stdlib.h >
3    # include "ListQueue.h"
4    LinkQueue createEmptyQueue_clink()              //创建空队列
```

```
5    {
6        LinkQueue pcqu = (LinkQueue)malloc(sizeof(struct ClinkQueue));
7        pcqu -> r = NULL;
8        return pcqu;
9    }
10   int isEmpty_clink(LinkQueue pcqu)                //判断队列是否为空
11   {
12       if (pcqu -> r == NULL)
13       {
14           printf("队列已经空.\n");
15           return 1;
16       }
17       else return 0;
18   }
19   void enQueue_clink(LinkQueue pcqu, DataType x)    //入队
20   {
21       PNode p;
22       p = (PNode)malloc(sizeof(struct Node));
23       p -> data = x;
24       if (pcqu -> r == NULL)                        //第 1 个元素入队
25       {
26           pcqu -> r = p;
27           p -> next = p;
28           return;
29       }
30       p -> next = pcqu -> r -> next;
31       pcqu -> r -> next = p;
32       pcqu -> r = p;
33   }
34   void deQueue_clink(LinkQueue pcqu)                //出队
35   {
36       PNode p;
37       if (pcqu -> r == NULL)                        //空队列
38       {
39           printf("队列为空,无法出队\n");
40           return;
41       }
42       if (pcqu -> r -> next == pcqu -> r)           //队列只有一个结点
43       {
44           free(pcqu -> r);
45           pcqu -> r = NULL;
46           return;
47       }
48       p = pcqu -> r -> next;
49       pcqu -> r -> next = p -> next;
50       free(p);
51   }
52   DataType frontQueue_clink(LinkQueue pcqu)         //取队头元素的值
53   {
54       if (pcqu -> r == NULL)
55       {
```

```
56            printf("Empty queue.\n");
57            return 0;
58        }
59        else
60            return (pcqu->r->next->data);
61    }
```

3. main.c

```
1     #include <stdio.h>
2     #include <stdlib.h>
3     #include "ListQueue.h"
4     int main(void)
5     {
6         LinkQueue pcqueue = createEmptyQueue_clink();     //创建空队列
7         int data;
8         printf("请输入进队的元素,以 0 结束:");
9         scanf_s("%d", &data);
10        while(data!= 0)
11        {
12            enQueue_clink(pcqueue, data);                //进队
13            scanf_s("%d", &data);
14        }
15        printf("出队元素的顺序是:");
16        while (!isEmpty_clink(pcqueue))
17        {
18            printf("%d ", frontQueue_clink(pcqueue)); //输出队头元素
19            deQueue_clink(pcqueue);                     //出队
20        }
21        printf("\n");
22        retrun 0;
23    }
```

4. 测试用例和测试结果

测试用例和测试结果截图如图 3-11 所示。

图 3-11   测试截图

四、扩展延伸

(1) 设计算法 reverse( ),实现将队列中元素的次序前后倒置。

算法思路:将队列中的元素依次取出并压入一个辅助栈,然后再依次取出栈中的元素

并入队原有队列。

（2）设计算法 QueuetoStack( )，实现从循环队列创建一个栈，使队头为栈顶、队尾为栈底，算法最后要求队列保持不变。

算法思路：将队列中的元素依次取出并压入一个辅助栈 Stack1，然后再依次取出 Stack1 中的元素入队原有队列并入栈 Stack2。

3.5　中级实验 1

一、实验目的

掌握采用深度优先策略和广度优先策略，并分别使用它们求解迷宫问题。

二、实验内容

本实验解决陷入迷宫的老鼠如何找到出口的问题。老鼠希望尝试所有的路径之后走出迷宫，如果它到达一个死胡同，将原路返回到上一个位置，尝试新的路径。在每个位置上老鼠可以向 8 个方向运动，即东、南、西、北、东南、东北、西南和西北。无论离出口多远，它总是按照这样的顺序尝试，当到达一个死胡同之后，老鼠将进行"回溯"。迷宫只有一个入口、一个出口，设计程序输出迷宫的一条通路，实验内容如下。

（1）设计迷宫的存储结构；

（2）采用回溯法设计求解通路的算法，利用栈实现回溯算法；

（3）采用广度优先策略，利用队列计算迷宫的一条最短通路。

三、参考代码

1．文件结构和函数调用关系

本程序的文件结构如图 3-12 所示，说明如下。

（1）node. h：结点定义文件，由于在 LinkStack. h 和 LinkQueue. h 中都使用，单独定义以避免重定义。

（2）LinkStack. h：链栈头文件，同 3.1 节中的链栈定义。

（3）LinkStack. c：链栈接口实现文件，同 3.1 节中的链栈定义。

（4）LinkQueue. h：链队列头文件，同 3.3 节中的链队列定义。

（5）LinkQueue. c：链队列接口实现文件，同 3.3 节中的链队列定义。

（6）mazeutil. h：迷宫头文件，定义了迷宫的接口。

（7）mazeutil. c：迷宫问题的辅助接口实现。

（8）MazeBFS. c：用广度优先策略解决迷宫问题的文件。

其中使用了栈和队列，因此需要包含链栈头文件 LinkStack. h 和链队列头文件 LinkQueue. h。

图 3-12　程序的文件结构图

（9）MazeDFS.c：用深度优先策略解决迷宫问题的文件。其中使用了栈和队列，因此需要包含链栈头文件 LinkStack.h 和链队列头文件 LinkQueue.h，使用了辅助函数，需要包含 mazeutil.h。

（10）main.c：主程序，测试迷宫算法，需要包含迷宫头文件 mazeutil.h。其中使用了辅助函数，需要包含 mazeutil.h。

2. 迷宫的实现

（1）node.h。

```
1    # ifndef NODE_H_
2    # define NODE_H_
3    typedef int DataType;
4    struct Node
5    {
6        DataType data;
7        struct Node * next;
8    };
9    typedef struct Node * PNode;
10    # endif
```

（2）mazeutil.h。

```
1    # ifndef MAZE_H_
2    # define MAZE_H_
3    //迷宫的结构
4    typedef struct  MAZE_STRU
5    {
6        int size;                               //迷宫大小
7        int ** data;                            //二维数组保存迷宫结构
8    }Maze;
9    //函数功能:初始化迷宫,分配空间,并将所有点置为 0
10    //输入参数 size: 迷宫大小
11    //返回值:用邻接矩阵表示的图
12    Maze *  InitMaze(int size);
13    //函数功能:读入迷宫结构,0 代表可以走的路,1 代表墙
14    //输入参数 maze: 迷宫结构
15    //返回值:无
16    void ReadMaze(Maze * maze);
17    //函数功能:将迷宫的结构显示出来
18    //输入参数 maze: 迷宫结构
19    //返回值:无
20    void WriteMaze(Maze * maze);
21    //函数功能: 广度优先搜索路径
22    //输入参数 maze: 迷宫结构
23    //输入参数 entryX: 迷宫入口点的 x 坐标
23    //输入参数 entryY: 迷宫入口点的 y 坐标
24    //输入参数 exitX: 迷宫出口点的 x 坐标
25    //输入参数 exitY 迷宫出口点的 y 坐标
26    //返回值: 没有路径返回 0, 有路径返回 1
```

```
27    int MazeBFS(int entryX, int entryY, int exitX, int exitY, Maze * maze);
28    //函数功能: 深度优先搜索路径
29    //输入参数 maze: 迷宫结构
30    //输入参数 entryX: 迷宫入口点的 x 坐标
31    //输入参数 entryY: 迷宫入口点的 y 坐标
32    //输入参数 exitX: 迷宫出口点的 x 坐标
33    //输入参数 exitY: 迷宫出口点的 y 坐标
34    //返回值: 没有路径返回 0, 有路径返回 1
35    int MazeDFS(int entryX, int entryY, int exitX, int exitY, Maze * maze);
36    # endif
```

（3）mazeutil.c。

```
1     # include <stdlib.h>
2     # include <stdio.h>
3     # include "mazeutil.h"
4     Maze *  InitMaze(int size)                //初始化迷宫,分配空间,并将所有点置为 0
5     {
6         int i;
7         Maze * maze = (Maze * )malloc(sizeof(Maze));
8         maze->size = size;                    //迷宫大小
9         //给迷宫分配空间
10        maze->data = (int ** )malloc(sizeof(int * ) * maze->size);
11        for (i = 0;i < maze->size;i++)
12        {
13            maze->data[i] = (int * )malloc(sizeof(int) * maze->size);
14        }
15        return maze;
16    }
17    void ReadMaze(Maze * maze)                //读入迷宫结构,0 代表可以走的路,1 代表墙
18    {
19        int i,j;
20        printf("请用矩阵的形式输入迷宫的结构:\n");
21        //读入迷宫的结构
22        for (i = 0;i < maze->size;i++)
23        {
24            for(j = 0;j < maze->size;j++)
25                scanf_s("%d", &maze->data[i][j]);
26        }
27    }
28    //将迷宫的结构显示出来
29    void WriteMaze(Maze * maze)
30    {
31        int i,j;
32        printf("迷宫结构如下:\n");
33        //输出迷宫的结构
34        for (i = 0;i < maze->size;i++)
35        {
36            for(j = 0;j < maze->size;j++)
37                printf("%5d", maze->data[i][j]);
38            printf("\n");
```

```
39          }
40    }
```

（4）MazeDFS. c。

```
1     # include < stdlib. h >
2     # include < stdio. h >
3     # include "mazeutil.h"
4     # include "linkstack.h"                        //包含链栈头文件
5     //迷宫深度遍历算法
6     int MazeDFS( int entryX, int entryY, int exitX, int exitY, Maze * maze)
7     {
8          int direction[8][2] = { { 0, 1 }, { 1, 1 }, { 1, 0 }, { 1, -1 },{ 0, -1 }, { -1, -1 },
                         { -1, 0 }, { -1, 1 } };
9          //用于两个栈,分别保存路径中的点坐标(x,y)
10         LinkStack linkStackX = NULL;
11         LinkStack linkStackY = NULL;
12         int posX, posY;                         //临时变量,存放点坐标(x,y)
13         int preposX, preposY;
14         int ** mark;                            //标记二维数组,标记哪些点走过,不再重复走
15         int i, j;                               //循环变量
16         int mov;                                //移动的方向
17         //给做标记的二维数组分配空间,并赋初值
18         mark = ( int ** )malloc(sizeof( int * ) * maze -> size);
19         for ( i = 0; i < maze -> size; i++)
20             mark[ i] = ( int * )malloc(sizeof( int) * maze -> size);
21         //给所有元素设置初值
22         for ( i = 0; i < maze -> size; i++)
23         {
24             for ( j = 0; j < maze -> size; j++)
25                 mark[ i][ j] = 0;
26         }
27         linkStackX = SetNullStack_Link( );            //初始化栈
28         linkStackY = SetNullStack_Link( );            //初始化栈
29         mark[entryX][entryY] = 1;                     //入口点设置标志位
30         Push_link(linkStackX, entryX);                //入口点入栈
31         Push_link(linkStackY, entryY);                //入口点入栈
32         //如果栈不为空且还没有找到迷宫出口点
33         while (!IsNullStack_link(linkStackX))
34         {
35             preposX = Top_link(linkStackX);
36             preposY = Top_link(linkStackY);
37             Pop_link(linkStackX);
38             Pop_link(linkStackY);
39             mov = 0;
40             while (mov < 8)
41             {
42                 posX = preposX + direction[mov][0];
43                 posY = preposY + direction[mov][1];
44                 if (posX == exitX && posY == exitY)        //到达终点
45                 {
```

```
46              Push_link(linkStackX, preposX);      //出口点入栈
47              Push_link(linkStackY, preposY);      //出口点入栈
48              printf("\n 深度搜索迷宫路径如下:\n");
49              printf("%d %d\t", exitX, exitY);  //打印入口点
50              while (!IsNullStack_link(linkStackX))  //将路径逆序输出
51              {
52                  posX = Top_link(linkStackX);      //取栈顶元素
53                  posY = Top_link(linkStackY);      //取栈顶元素
54                  Pop_link(linkStackX);            //出栈
55                  Pop_link(linkStackY);            //出栈
56                  printf("%d %d\t", posX, posY);   //输出栈顶元素
57              }//end while(!Is NULL Stack_link(linkStackX))
58              return 1;
59          }//end of(posX == exitX && posY == exitY)
60          //还有路可以走通
61          if (maze -> data[posX][posY] == 0 && mark[posX][posY] == 0)
62          {
63              mark[posX][posY] = 1;
64              Push_link(linkStackX, preposX);      //入栈
65              Push_link(linkStackY, preposY);      //入栈
66              preposX = posX;
67              preposY = posY;
68              mov = 0;                         //已经往前走了,因此重新从 0 号方向开始搜索
69          }//end if (maze -> data[posX][posY] == 0 && mark[posX][posY] == 0)
70          else
71              mov++;                            //换个方向试试
72      }//end while (mov < 8)
73  }//end while (!IsNullStack_link(linkStackX))
74  return 0;
75  }
```

(5) MazeBFS. c。

```
1   # include < stdlib. h>
2   # include < stdio. h>
3   # include "mazeutil. h"
4   # include "LinkQueue. h"                           //包含链队列头文件
5   //迷宫广度遍历算法
6   int MazeBFS(int entryX, int entryY, int exitX, int exitY, Maze * maze)
7   {
8       int direction[8][2] = { { 0, 1 }, { 1, 1 }, { 1, 0 }, { 1, -1 },{ 0, -1 }, { -1, -1 },
                                { -1, 0 }, { -1, 1 } };
9       //用于两个队列,分别保存等待扩展的点的坐标(x,y)
10      LinkQueue linkQueueX = NULL;
11      LinkQueue linkQueueY = NULL;
12      int posX, posY;                              //临时变量,存放点坐标(x,y)
13      int preposX, preposY;
14      int ** preposMarkX;                          //记录迷宫行走过程中的前驱 x 值
15      int ** preposMarkY;                          //记录迷宫行走过程中的前驱 y 值
16      int ** mark;                              //标记二维数组,标记哪些点走过,不再重复走
17      int i, j, mov;
```

```
18          //给存放前驱 x 值的数组分配空间
19          preposMarkX = (int ** )malloc(sizeof(int * ) * maze->size);
20          for (i = 0; i<maze->size; i++)
21          {
22              preposMarkX[i] = (int * )malloc(sizeof(int) * maze->size);
23          }
24          //给存放前驱 y 值的数组分配空间
25          preposMarkY = (int ** )malloc(sizeof(int * ) * maze->size);
26          for (i = 0; i<maze->size; i++)
27          {
28              preposMarkY[i] = (int * )malloc(sizeof(int) * maze->size);
29          }
30          //给做标记的二维数组分配空间,并赋初值
31          mark = (int ** )malloc(sizeof(int * ) * maze->size);
32          for (i = 0; i<maze->size; i++)
33          {
34              mark[i] = (int * )malloc(sizeof(int) * maze->size);
35          }
36          for (i = 0; i<maze->size; i++)                  //给所有元素设置初值
37          {
38              for (j = 0; j<maze->size; j++)
39              {
40                  preposMarkX[i][j] =-1;
41                  preposMarkY[i][j] =-1;
42                  mark[i][j] = 0;
43              }
44          }
45          linkQueueX = SetNullQueue_Link();               //创建空队列
46          linkQueueY = SetNullQueue_Link();               //创建空队列
47          EnQueue_link(linkQueueX, entryX);               //迷宫入口点入队
48          EnQueue_link(linkQueueY, entryY);               //迷宫入口点入队
49          mark[entryX][entryY] = 1;                       //入口点设置标志位
50          //如果队列不为空且还没有找到迷宫出口点
51          while (!IsNullQueue_Link(linkQueueX))
52          {
53              preposX = FrontQueue_link(linkQueueX);       //取队头
54              DeQueue_link(linkQueueX);                    //出队
55              preposY = FrontQueue_link(linkQueueY);       //取队头
56              DeQueue_link(linkQueueY);                    //出队
57              //将与当前点相邻接且满足一定条件的点放入队列
58              for (mov = 0; mov<8; mov++)
59              {
60                  posX = preposX + direction[mov][0];
61                  posY = preposY + direction[mov][1];
62                  if (posX == exitX && posY == exitY)      //到达出口点
63                  {
64                      preposMarkX[posX][posY] = preposX;
65                      preposMarkY[posX][posY] = preposY;
66                      printf("\n广度搜索迷宫路径如下:\n%d %d\t", posX, posY);
67                      //将路径逆序输出
68                      while (!(posX == entryX && posY == entryY))
```

```
69                    {
70                        //继续往前寻找前驱
71                        preposX = preposMarkX[posX][posY];
72                        preposY = preposMarkY[posX][posY];
73                        posX = preposX;
74                        posY = preposY;
75                        printf("%d %d\t", posX, posY);
76                    }
77                    return 1;
78                }//end if (posX == exitX && posY == exitY)
79                //如果能走,且没有被扩展过
80                if (maze->data[posX][posY] == 0 && mark[posX][posY] == 0)
81                {
82                    EnQueue_link(linkQueueX, posX);       //入队扩展
83                    EnQueue_link(linkQueueY, posY);
84                    mark[posX][posY] = 1;                 //做标记
85                    preposMarkX[posX][posY] = preposX;    //记录前驱
86                    preposMarkY[posX][posY] = preposY;
87                }//end if (maze->data[posX][posY] == 0 && mark[posX][posY] == 0)
88            }//end for (mov = 0; mov < 8; mov++)
89        }//end while (!IsNullQueue_Link(linkQueueX))
90        return 0;
91    }
```

3. main.c

```
1    #include <stdio.h>
2    #include "mazeutil.h"
3    int main(void)
4    {
5        Maze *maze;
6        int mazeSize;                               //迷宫大小
7        int entryX, entryY, exitX, exitY;
8        int find = 0;
9        printf("请输入迷宫大小:");
10       scanf_s("%d", &mazeSize);
11       entryX = 0; entryY = 0;
12       exitX = mazeSize - 1; exitY = exitX;
13       maze = InitMaze(mazeSize);
14       ReadMaze(maze);
15       printf("输入的迷宫结构如下:\n");
16       printf("请输入迷宫的入口点 x,y,出口点 x,y\n");
17       scanf_s("%d%d%d%d", &entryX, &entryY, &exitX, &exitY);
18       //广度优先搜索
19       find = MazeBFS(entryX, entryY, exitX, exitY, maze);
20       //深度优先搜索
21       find = MazeDFS(entryX, entryY, exitX, exitY, maze);
22       if (!find)
23       {
24           printf("找不到路径!\n");
```

```
25          }
26          return 0;
27    }
```

4. 测试用例和测试结果

测试用例和测试结果截图如图 3-13 所示。

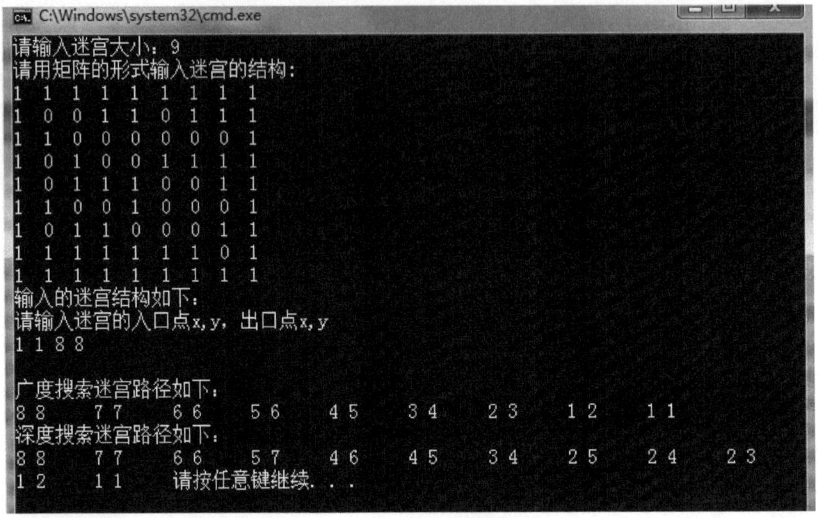

图 3-13　测试截图

四、扩展延伸

（1）使用 STL 中的队列实现迷宫路径的广度优先搜索，使用 STL 中的栈实现迷宫路径的深度优先搜索。

（2）模拟用户走迷宫，按一下键盘上的按键 a，则用户向前走一步。

（3）在参考代码中，在进行迷宫的广度优先遍历时采用了两个二维数组来保存前驱结点的 x,y 值，请思考是否还有其他辅助结构能保存前驱的值。

（4）对不同形态的迷宫进行测试，比较两种策略的优缺点。

下面给出使用 STL 中的栈的参考：

```
1    # include < stack >
2    # include < iostream >
3    using namespace std;
4    typedef stack < int > STACK_INT;
5    void main( )
6    {
7         STACK_INT stack;
8         cout << "栈是否为空: "<<(stack.empty( ) ? "true" : "false") << endl;
9         cout << "入栈元素 1,3,5" << endl;
10        stack.push(1);                          //入栈元素 1
11        stack.push(3);                          //入栈元素 3
12        stack.push(5);                          //入栈元素 5
```

```
13      if (!stack.empty())                              //栈不为空,输出栈顶元素
14          cout << "当前栈顶元素是:" <<
15          stack.top() << endl;
16      stack.push(7);                                   //入栈元素 7
17      if (!stack.empty())
18          cout << "当前栈顶元素是: " <<                 //栈不为空,输出栈顶元素
19          stack.top() << endl;
20      while (!stack.empty())                           //栈不为空,输出栈顶元素,出栈,直到栈为空
21      {
22          const int& temp = stack.top();
23          cout << " 当前栈顶元素是:" << temp << endl;
24          stack.pop();
25      }
26  }
```

运行结果如图 3-14 所示。

图 3-14　运行结果

3.6　中级实验 2

一、实验目的

掌握广度优先搜索策略,并用队列求解农夫过河问题。

二、实验内容

一个农夫带着一只狼、一只羊和一棵白菜,身处河的南岸,他要把这些东西全部运到北岸,遗憾的是他只有一只小船,小船只能容下他和一件物品。这里只能是农夫来撑船,同时因为狼吃羊、羊吃白菜,所以农夫不能留下羊和狼或者羊和白菜在河的一边,而自己离开,好在狼属于肉食动物,不吃白菜。农夫怎样才能把所有的东西安全运过河呢?实验内容如下。

(1) 设计物品位置的表示方法和安全判断算法;

（2）可以设计队列的存储结构并实现队列的基本操作（建立空队列、判空、入队、出队、取队头元素），也可以使用 STL 中的队列进行代码的编写；

（3）采用广度优先策略设计可行的过河算法；

（4）输出要求：按照顺序输出一种可行的过河方案。

三、参考代码

1. 本程序的文件结构

本程序的文件结构如图 3-15 所示，说明如下。

（1）SeqQueue.h：顺序队列头文件，提供了顺序队列的数据结构类型定义和接口说明，同 3.3 节中顺序队列的定义。

（2）SeqQueue.c：顺序队列接口的实现文件，同 3.3 节中顺序队列的实现。

（3）FarmerRiver.h：农夫过河问题头文件，提供了农夫过河问题的接口说明。

（4）FarmerRiver.c：农夫过河问题的接口实现，由于用到了队列，需要包含 SeqQueue.h。

图 3-15　程序的文件结构图

（5）main.c：主程序，解决农夫过河问题，因此需要包含 FarmerRiver.h。

2. 农夫过河问题的实现

（1）FarmerRiver.h。

```
1    #ifndef FARMERRIVER_H
2    #define FARMERRIVER_H
3    //函数功能：判断当前状态下农夫是否在北岸
4    //输入参数 status: 当前状态
5    //返回值：在北岸返回 1,否则返回 0
6    int FarmerOnRight(int status);
7    //函数功能：判断当前状态下狼是否在北岸
8    //输入参数 status: 当前状态
9    //返回值：在北岸返回 1,否则返回 0
10   int WorfOnRight(int status);
11   //函数功能：判断当前状态下白菜是否在北岸
12   //输入参数 status: 当前状态
13   //返回值：在北岸返回 1,否则返回 0
14   int CabbageOnRight(int status);
15   //函数功能：判断当前状态下羊是否在北岸
16   //输入参数 status: 当前状态
17   //返回值：在北岸返回 1,否则返回 0
18   int GoatOnRight(int status);
19   //函数功能：判断当前状态是否安全
20   //输入参数 status: 当前状态
21   //返回值：安全返回 1,否则返回 0
22   int IsSafe(int status);
23   //函数功能：农夫过河
```

```
24   //输入参数: 无
25   //返回值: 无
26   void FarmerRiver();
27   # endif
```

(2) FarmerRiver.c。

```
1    # include < stdio.h >
2    # include < stdlib.h >
3    # include "SeqQueue.h"
4    # include "FarmerRiver.h"
5    int FarmerOnRight(int status)          //判断当前状态下农夫是否在北岸
6    {
7        return (0!= (status & 0x08));
8    }
9    int WorfOnRight(int status)            //判断当前状态下狼是否在北岸
10   {
11       return (0!= (status & 0x04));
12   }
13   int CabbageOnRight(int status)         //判断当前状态下白菜是否在北岸
14   {
15       return (0!= (status & 0x02));
16   }
17   int GoatOnRight(int status)            //判断当前状态下羊是否在北岸
18   {
19       return (0!= (status & 0x01));
20   }
21   int IsSafe(int status)                 //判断当前状态是否安全
22   {
23       if((GoatOnRight(status) == CabbageOnRight(status))&&
24               (GoatOnRight(status)!= FarmerOnRight(status)))
25          return (0);                     //羊吃白菜
26       if((GoatOnRight(status) == WorfOnRight(status))&&
27               (GoatOnRight(status)!= FarmerOnRight(status)))
28          return 0;                       //狼吃羊
29       return 1;                          //其他状态是安全的
30   }
31   void FarmerRiver()                     //农夫过河算法
32   {
33       int i, movers, nowstatus, newstatus;
34       int status[16];                    //用于记录已考虑的状态路径
35       SeqQueue moveTo;                   //用于记录可以安全到达的中间状态
36       moveTo = SetNullQueue_seq(20);     //创建空队列
37       EnQueue_seq(moveTo, 0x00);         //初始状态时所有物品在北岸,初始状态入队
38       for (i = 0; i < 16; i++)           //数组 status 初始化为 - 1
39           status[i] = -1;
40       status[0] = 0;
41           //队列非空且没有到达结束状态
42       while (!IsNullQueue_seq(moveTo) && (status[15] == -1))
```

```
43      {
44          nowstatus = FrontQueue_seq(moveTo);      //取队头状态为当前状态
45          DeQueue_seq(moveTo);
46        for (movers = 1; movers <= 8; movers << = 1)    //遍历 3 个要移动物品
47          //考虑各种物品移动
48          if ((0!= (nowstatus & 0x08)) == (0!= (nowstatus &movers)))
49          //农夫与移动的物品在同一侧
50          {
51              newstatus = nowstatus ^ (0x08 | movers);  //计算新状态
52              //如果新状态是安全的且之前没有出现过
53              if (IsSafe(newstatus) && (status[newstatus] ==- 1))
54              {
55                  status[newstatus] = nowstatus;       //记录新状态
56                  EnQueue_seq(moveTo, newstatus);     //新状态入队
57              }
58          }
59      }
60      //输出经过的状态路径
61      if (status[15]!=- 1)                            //到达最终状态
62      {
63          printf("The reverse path is : \n");
64          for (nowstatus = 15; nowstatus >= 0; nowstatus = status[nowstatus])
65          {
66              printf("The nowstatus is : % d\n", nowstatus);
67              if (nowstatus == 0)
68                  return;
69          }
70      }
71      else
72          printf("No solution. \n");                  //问题无解
73  }
```

3. main. c

```
1   # include < stdio. h>
2   # include < stdlib. h>
3   # include "FarmerRiver. h"
4   int main(void)
5   {
6       FarmerRiver();
7       return 0;
8   }
```

4. 测试用例和测试结果

测试用例和测试结果截图如图 3-16 所示。

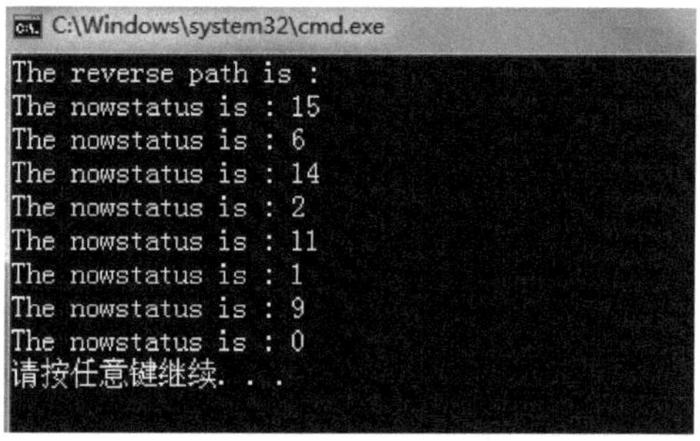

图 3-16 测试截图

四、扩展延伸

（1）改进算法，要求输出所有的可行方案。

（2）用深度优先策略解决农夫过河问题，输出一种可行的过河方案。

（3）使用 STL 中的队列实现农夫过河问题。

下面给出使用 STL 中的队列的参考。

```
1    # include < queue >
2    # include < iostream >
3    using namespace std;
4    typedef queue < int > QUEUE_INT;
5    void main()
6    {
7        QUEUE_INT testq;
8        cout << "队列是否为空： " <<
9            (testq.empty() ? "true" : "false") << endl;
10       cout << "入队元素 1,3,5" << endl;
11       testq.push(1);                          //入队元素 1
12       testq.push(3);                          //入队元素 3
13       testq.push(5);                          //入队元素 5
14       if (!testq.empty())                     //队列不为空,输出队头元素
15           cout << "当前队头元素是:" <<
16           testq.front() << endl;
17       testq.push(7);                          //入队元素 7
18       testq.pop();                            //出队
19       if (!testq.empty())
20           cout << "当前队头元素是:" <<          //队列不为空,输出队头元素
21           testq.front() << endl;
22       while (!testq.empty())
23                   //队列不为空,输出队头元素,出队,直到队列为空
24       {
25           const int& temp = testq.front();
26           cout << "当前队头元素是:" << temp << endl;
27           testq.pop();
28       }
29   }
```

3.7 高级实验 1

一、实验目的

掌握递归思想,将"聪明的学生"问题抽象为递归算法并加以实现。

二、实验内容

问题描述:一位逻辑学的教授有 3 个非常聪明、善于推理且精于心算的学生,他们是 A、B 和 C。一天教授给他们出了一道题,教授在每个人的脑门上贴了一个纸条,每个纸条上写了一个正整数,A、B 和 C 分别是 3、5、8,并且教授告诉学生某两个数的和等于第三个数,每个学生只能看见另外两个学生头上的正整数,但是看不见自己的。

教授问的顺序是 A—B—C—A……经过几次提问后,当教授再次问到 C 时,C 露出了得意的笑容,准确地报出了自己头上的数。

假设 A、B、C 脑门上贴的纸条上写的正整数分别是 3、5、8。

实验要求:已知 3 个人头上的正整数,得出教授在第几次提问时轮到回答问题的那个人猜出了自己头上的数(要求用递归程序解决)。

要求:

(1) 将"聪明的学生"问题抽象为递归算法。

(2) 给出测试用例"3,5,8"的输出结果。

三、参考代码

1. 参考提示

提示 1:总是贴着最大数的那个人猜出了自己头上的数。

提示 2:将"聪明的学生"问题抽象为递归算法,特别要注意递归程序的两个方面是递归出口和迭代步骤。

问题分析:依题可知,每个学生都能知道另外两个学生的数字,但不清楚自己的数字。这里以"1,2,3"作为例子来分析。A 只有两种情况,一种是(2-1),另外一种是(2+1),但是 A 自己不能确定是哪一种情况,所以 A 猜不出来。再来看看 B,两种情况是(1+3)和(3-1),但是 B 仍然不能确定。最后是 C,两种情况是(1+2)和(2-1),但 C 是可以排除(2-1)这种情况的,因为如果 C 是(2-1),那么 B 在看到 A 是 1、C 是 1 的情况下可以猜出来自己是 2,但是 B 没有猜出来,故 C 可以排除是(2-1)这种情况,因此 C 只能是(2+1),也就是 3。可以分析总结出最大的数字总会被最先猜出来,是因为只有最大的数字可以排除相减的情况,因为如果它是相减得到的,前面一定有人可以猜出来。

现在将问题抽象,即 A、B、C 3 个学生,他们头上的数字分别为 x_1、x_2、x_3。从上述结论可知,最大的数总会被最先猜出来。不妨假设,B 是最先猜出来的学生,即 $x_2 = x_1 + x_3$,而 B 能排除 $|x_1 - x_3|$ 这种可能性的依据有两个,一是 $x_1 = x_3$,那么 B 只能是 $x_1 + x_3$,因为 3 个都是正整数;另外一种依据是假设 $x_2 = |x_1 - x_3|$,那么在前面的提问中 A 或者 C 已经先猜

出来了,但他们没有猜出来,可以确定自己是两数之和,而非两数之差(可以结合上面的"1,2,3"看)。至于是 A 先猜出来还是 C 先猜出来,如果 A>C,那么 A 先猜出来,否则 C 先猜出来。

那么问题可以转化为找出 x1、|x1-x3|、x3 中第一个猜出数字的人所用的次数。这个问题不断地重复成一个子问题,不断地重复这个过程,直到某个学生能够猜出这个数字为止。这样可以归结为如下递归函数:

$$times(i,j,t1,t2,t3)=\begin{cases} t3 & (i=j) \\ times(j,i-j,t2,t3,t1)+step(t1,t3) & (i>j) \\ times(i,j-i,t1,t3,t2)+step(t2,t3) & (i<j) \end{cases}$$

其中,t1 编号的人头上的数字为 i,t2 编号的人头上的数字为 j,t3 编号的人头上的数字为 $i+j$(即 t3 将最先猜出来自己的数字),教授提问的次数是 step(t1,t3),表示按照 1—2—3 的顺序从 t1 问到 t3 所用的最少次数。

2. 代码实现

SmartStu.c:

```
1    #include<stdio.h>
2    #include<stdlib.h>
3    int step(int t1,int t2)                        //找出 t1 到 t2 的最小提问次数
4    {
5        if(t2 > t1)
6            return t2 - t1;
7        else
8            return t2 + 3 - t1;
9    }
10   //教授提问多少次时最大数 t3 能够正确回答
11   int times(int i,int j,int t1,int t2,int t3)
12   {
13       int k; k = i - j;
14       if (k == 0)
15       {
16           return t3;
17       }
18       if(k > 0)
19       {
20           return times(j,i-j,t2,t3,t1) + step(t1,t3);
21       }
22       if (k < 0)
23       {
24           return times(i,j-i,t1,t3,t2) + step(t2,t3);
25       }
26   }
27   int main(void)
28   {
29       int result;
30       int a = 1,b = 2,c = 3;
```

```
31        int arr[3] = {3,5,8};
32        int index = 0;
33        int max_num = -1,mid_num = -1;              //保存最大以及第二大的数
34        int max_index = -1,mid_index = -1;          //保存两者的下标
35        for(;index < 3; index++)
36        {
37            if(max_num < arr[index] )
38            {
39                mid_num = max_num;
40                mid_index = max_index;
41                max_num = arr[index];
42                max_index = index;
43            }
44            if(mid_num < arr[index] && arr[index] != max_num)
45            {
46                mid_num = arr[index];
47                mid_index = index;
48            }
49        }
50        c = max_index + 1;
51        b = mid_index + 1;
52        //找出最小数的编号
53        if((c == 1 && b == 2)||(c == 2 && b == ) )
54            a = 3;
55        else if(( c == 2 && b == 3)||(c == 3 && b == 2))
56            a = 1;
57        else
58            a = 2;
59        //调用递归函数,第一个参数为最小数,第二个为中间数
60        //a为最小值编号,b为中间值编号,c为最大值编号
61        result = times(arr[a-1],arr[b-1],a,b,c);
62        printf("result = %d\n",result);
63        return 0;
64  }
```

3. 测试用例和测试结果

测试用例和测试结果截图如图 3-17 所示。

图 3-17   测试截图

四、扩展延伸

请思考该问题的其他算法实现。

3.8 高级实验2

一、实验目的

掌握双端队列 deque,并用双端队列解决具体问题。

双端队列的定义:同时具有队列和栈的性质,可以在头部和尾部插入和删除元素的数据结构。

二、实验内容

问题描述:给定一个长度为 n 的数列 $a_0,a_1,a_2,\cdots,a_{n-1}$ 和一个整数 k,求滑动最小值,即求 $b_i=\min\{a_i,a_{i+1},\cdots,a_{i+k-1}\}$。

限制条件:$1\leqslant k\leqslant 10^6,1\leqslant n\leqslant 10^6,0\leqslant a_i\leqslant 10^9$

实验要求:用户从键盘任意输入 n 和 k 的值,并输入 a_i,要求输出滑动最小值。

示例:

输入:$n=5,k=3,a=\{1,3,5,4,2\}$

输出:$b=\{1,3,2\}$

说明:使用 STL 中的双端队列容器,需要添加 #include <deque>。

三、参考代码

1. 算法设计

双端队列开始为空,队列中存放数组 a 的下标,然后通过维护双端队列得到最小值。

(1) 把 $0\sim k-1$ 依次加入队列。在加入 i 时,若双端队列末尾的值 j 满足 $a_j\geqslant a_i$,则不断从末尾取出,直到双端队列为空或者 $a_j<a_i$,之后在末尾加入 i。

(2) 在 $k-1$ 都加入双端队列后,查看双端队列头部的值 j,$b_0=a_j$,如果 $j=0$,由于在之后的计算中不再需要,所以从头部删除。

(3) 继续计算 b_i,在双端队列的末尾加入 k,进入(1)重复执行。

2. 代码实现

DoubleQueue.cpp:

```
1   #include <iostream>
2   #include <deque>
3   using namespace std;
4   int main(void)
5   {
6       deque <int> d;
```

```
7        int n, k, a[100], b[100];
8        cout << "请输入 n 和 k: ";
9        cin >> n >> k;
10       cout << "请输入数组 a 的元素: ";
11       for (int i = 0; i < n; i++)
12       {
13           cin >> a[i];
14       }
15       int count = 0;
16       d.push_back(0);
17       for (int i = 1; i < n; i++)
18       {
19           while (!d.empty() && a[d.back()] >= a[i])
20           {
21               d.pop_back();
22           }
23           d.push_back(i);
24           if (i - k + 1 >= 0)
25           {
26               b[i - k + 1] = a[d.front()];
27               count++;
28           }
29           if (d.front() == i - k + 1)
30           {
31               d.pop_front();
32           }
33       }
34       for (int i = 0; i < count; ++i)
35       {
36           printf("% d ", b[i]);
37       }
38       return 0;
39   }
```

3. 测试用例和测试结果

测试用例和测试结果截图如图 3-18 所示。

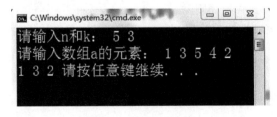

图 3-18　测试截图

四、扩展延伸

实现双端队列，并使用自定义的双端队列实现该实验内容。

第4章

树和二叉树

4.1 初级实验1

一、实验目的

掌握二叉树链式存储表示下的递归建立和深度遍历的递归算法。

二、实验内容

用二叉链表表示二叉树,要求实现以下功能。

(1) 先序序列递归建立二叉树;

(2) 先序遍历二叉树的递归实现;

(3) 中序遍历二叉树的递归实现;

(4) 后序遍历二叉树的递归实现;

(5) 销毁二叉树释放空间。

三、参考代码

1. 本程序的文件结构

本程序的文件结构如图 4-1 所示,说明如下。

(1) BinTree.h:二叉树头文件,提供了二叉链表表示的二叉树的数据结构类型定义和相关接口说明。

(2) BinTree.c:二叉树接口的具体实现文件。

(3) main.c:主函数,对二叉树接口进行测试,实现对二叉树的递归遍历,因此需要包含 BinTree.h。

▲ 🖼 初级实验1
  ▲ 🗀 头文件
    ▷ 🖹 BinTree.h
  ▷ 🗁 外部依赖项
  ▲ 🗀 源文件
    ▷ ✚ BinTree.c
    ▷ ✚ main.c
  🗀 资源文件

图 4-1　程序的文件结构图

2. 二叉树的实现

(1) BinTree.h。

```
1    #ifndef BINTREE_H
2    #define BINTREE_H
3    typedef char DataType;
```

```
4    typedef struct BTreeNode
5    {
6         DataType data;
7         struct BTreeNode * leftchild;
8         struct BTreeNode * rightchild;
9    }BinTreeNode;
10   typedef BinTreeNode * BinTree;
11   //函数功能:输入二叉树的先序序列,递归建立二叉树
12   //输入参数:无
13   //返回值:二叉树的根
14   BinTree CreateBinTree_Recursion();
15   //函数功能:递归先序遍历
16   //输入参数:二叉树的根
17   //返回值:无
18   void PreOrder_Recursion(BinTree bt);
19   //函数功能:递归中序遍历
20   //输入参数:二叉树的根
21   //返回值:无
22   void InOrder_Recursion(BinTree bt);
23   //函数功能:递归后序遍历
24   //输入参数:二叉树的根
25   //返回值:无
26   void PostOrder_Recursion(BinTree bt);
27   //函数功能:销毁二叉树
28   //输入参数:二叉树的根
29   //返回值:无
30   void DestroyBinTree(BinTree bt);
31   #endif
```

(2) BinTree.c。

```
1    #include <stdio.h>
2    #include <stdlib.h>
3    #include "BinTree.h"
4    //构建二叉树,要特别注意这里的返回值
5    BinTree CreateBinTree_Recursion()
6    {
7         char ch;
8         BinTree bt;
9         scanf_s("%c",&ch);
10        if(ch == '@')                              //输入@则表示空子树
11            bt = NULL;
12        else
13            {
14                bt = (BinTreeNode * )malloc(sizeof(BinTreeNode));
15                bt->data = ch;
16                bt->leftchild = CreateBinTree_Recursion();
17                bt->rightchild = CreateBinTree_Recursion();
18            }
19        return bt;
20   }
```

```
21    void PreOrder_Recursion(BinTree bt)          //递归先序遍历
22    {
23        if (bt == NULL) return;
24        printf("%c", bt->data);
25        PreOrder_Recursion(bt->leftchild);
26        PreOrder_Recursion(bt->rightchild);
27    }
28    void InOrder_Recursion(BinTree bt)           //递归中序遍历
29    {
30        if(bt == NULL) return;
31        InOrder_Recursion(bt->leftchild);
32        printf("%c",bt->data);
33        InOrder_Recursion(bt->rightchild);
34    }
35    void PostOrder_Recursion(BinTree bt)         //递归后序遍历
36    {
37        if(bt == NULL) return;
38        PostOrder_Recursion(bt->leftchild);
39        PostOrder_Recursion(bt->rightchild);
40        printf("%c",bt->data);
41    }
42    void DestroyBinTree(BinTree bt)              //销毁二叉树
43    {
44        if (bt!= NULL)
45        {
46            DestroyBinTree(bt->leftchild);
47            DestroyBinTree(bt->rightchild);
48            free(bt);
49        }
50    }
```

3. main.c

```
1    # include <stdio.h>
2    # include <stdlib.h>
3    # include "BinTree.h"
4    int main(void)
5    {
6        BinTree bt = NULL;
7        printf("输入二叉树的先序序列:\n");
8        bt = CreateBinTree_Recursion();
9        printf("二叉树的链式存储结构建立完成!\n");
10        printf("该二叉树的先序遍历序列为:\n");
11        PreOrder_Recursion(bt);
12        printf("\n");
13        printf("该二叉树的中序遍历为:\n");
14        InOrder_Recursion(bt);
15        printf("\n");
16        printf("该二叉树的后序遍历为:\n");
17        PostOrder_Recursion(bt);
```

```
18        printf("\n");
19        DestroyBinTree(bt);
20        return 0;
21    }
```

4. 测试用例和测试结果

测试用例和测试结果截图如图 4-2 所示,请注意观察先序序列的输入情况。

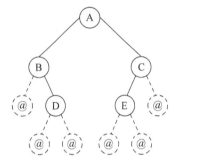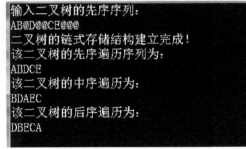

图 4-2　测试用例及运行截图

四、扩展延伸

(1) 二叉树定义具有递归的特性,因此采用递归算法可以建立二叉树,还可以用递归实现对二叉树的其他操作,例如统计二叉树的叶子结点个数、计算二叉树的深度、查找二叉树中是否存在某个元素。参考主教材《数据结构与算法》给出的算法完成实验结果验证。

(2) 定义一棵二叉树的繁茂程度为各层的结点数的最大值与二叉树的高度的乘积,设计高效算法,求二叉树的繁茂程度。

4.2　初级实验 2

一、实验目的

掌握用队列实现对二叉树的非递归建立和层次遍历。

二、实验内容

用二叉链表表示二叉树,要求实现以下功能。

(1) 用非递归方法建立二叉树,用队列数据结构辅助实现;

(2) 用队列数据结构实现对二叉树的层次遍历。

三、参考代码

1. 本程序的文件结构

本程序的文件结构如图 4-3 所示,说明如下。

```
▲ 🔄 初级实验2
   ▲ 🗂 头文件
      ▷ 🖹 BinTreeQueue.h
      ▷ 🖹 LinkQueue.h
   ▷ 📇 外部依赖项
   ▲ 🗂 源文件
      ▷ ✦ BinTreeQueue.c
      ▷ ✦ LinkQueue.c
      ▷ ✦ main.c
      🗂 资源文件
```

图 4-3　程序的文件结构图

（1）LinkQueue.h：链队列头文件，提供了链队列的数据结构类型定义和相关接口说明。

（2）LinkQueue.c：链队列接口的具体实现文件。

（3）BinTreeQueue.h：二叉树头文件，提供了二叉链表表示的二叉树的数据结构类型定义和相关接口说明。

（4）BinTreeQueue.c：二叉树接口的具体实现文件。

（5）main.c：主函数，对二叉树接口进行测试，实现对二叉树的非递归建立和层次遍历，因此需要包含 LinkQueue.h 和 BinTreeQueue.h。

使用队列建立二叉树和层次遍历需要包含链队列的头文件，值得注意的是，入队的元素是指向 BinTreeNode 的指针，因此需要修改链队列的数据元素类型，具体如下。

```
typedef BinTreeNode * DataTypeQueue;
```

2．二叉树的实现

（1）LinkQueue.h。

```
1    # ifndef LINKQUEUE_H
2    # define LINKQUEUE_H
3    # include "BinTreeQueue.h"
4    typedef BinTreeNode * DataTypeQueue;
5    struct Node
6    {
7        DataTypeQueue data;
8        struct Node * next;
9    };
10   typedef struct Node * PNode;
11   struct Queue
12   {   PNode f;
13       PNode r;
14   };
15   typedef struct Queue * LinkQueue;
15   //函数功能:创建空链队列
16   //输入参数:无
17   //返回值:空的链队列
18   LinkQueue SetNullQueue_Link();
19   //函数功能:判断一个链队列是否为空
20   //输入参数 lqueue:链队指针
21   //返回值:空队列返回 1,否则返回 0
22   int IsNullQueue_Link(LinkQueue lqueue);
23   //函数功能:进队
24   //输入参数 lqueue:链队指针
25   //输入参数 x:进队元素
26   //返回值:无
27   void EnQueue_link(LinkQueue lqueue, DataTypeQueue x);
28   //函数功能:出队
29   //输入参数 lqueue:链队指针
30   //返回值:无
```

```
31    void DeQueue_link(LinkQueue lqueue);
32    //函数功能:求队头元素的值
33    //输入参数 lqueue: 链队指针
34    //返回值: 队首元素的值
35    DataTypeQueue FrontQueue_link(LinkQueue lqueue);
36    #endif
```

（2）LinkQueue.c。

```
1     #include <stdio.h>
2     #include <stdlib.h>
3     #include "LinkQueue.h"
4     LinkQueue SetNullQueue_Link()                              //创建空队列
5     {
6         LinkQueue lqueue;
7         lqueue = (LinkQueue)malloc(sizeof(struct Queue));
8         if (lqueue!= NULL)
9         {
10            lqueue -> f = NULL;
11            lqueue -> r = NULL;
12        }
13        else
14            printf("Alloc failure! \n");
15        return lqueue;
16    }
17    int IsNullQueue_Link(LinkQueue lqueue)                     //判断队列是否为空
18    {
19        return (lqueue -> f == NULL);
20    }
21    void EnQueue_link(LinkQueue lqueue, DataTypeQueue x)       //入队
22    {
23        PNode p;
24        p = (PNode)malloc(sizeof(struct Node));
25        if (p == NULL)
26            printf("Alloc failure!");
27        else{
28            p -> data = x;
29            p -> next = NULL;
30            if (lqueue -> f == NULL)                           //空队列的特殊处理
31            {
32                lqueue -> f = p;
33                lqueue -> r = p;
34            }
35            else
36            {
37                lqueue -> r -> next = p;
38                lqueue -> r = p;
39            }
40        }
41    }
42    void DeQueue_link(LinkQueue lqueue)                        //出队
```

```
43  {
44      struct Node * p;
45      if (lqueue -> f == NULL)
46          printf("It is empty queue!\n ");
47      else
48      {
49          p = lqueue -> f;
50          lqueue -> f = lqueue -> f -> next;
51          free(p);
52      }
53  }
54  DataTypeQueue FrontQueue_link(LinkQueue lqueue)          //求队头元素
55  {
56      if (lqueue -> f == NULL)
57      {
58          printf("It is empty queue!\n");
59          return 0;
60      }
61      else
62          return (lqueue -> f -> data);
63  }
```

（3）BinTreeQueue. h。

```
1   # ifndef _BinTree_H
2   # define _BinTree_H
3   typedef char DataType;
4   typedef struct BTreeNode
5   {
6       DataType data;
7       struct BTreeNode * leftchild;
8       struct BTreeNode * rightchild;
9   }BinTreeNode;
10  typedef BinTreeNode * BinTree;
11  //函数功能：按层次建立二叉树
12  //输入参数：无
13  //返回值：二叉树的根
14  BinTree CreateBinTree_NRecursion();
15  //函数功能：层次遍历二叉树
16  //输入参数：二叉树的根
17  //返回值：无
18  void LevelOrder(BinTree bt);
19  # endif
```

（4）BinTreeQueue. c。

```
1   # include < stdio. h >
2   # include < stdlib. h >
3   # include "BinTreeQueue. h"
4   # include "LinkQueue. h"
5   //使用队列辅助数据结构非递归方法建立二叉树
6   BinTree CreateBinTree_NRecursion()
```

```
 7   {
 8       LinkQueue queue = SetNullQueue_Link();
 9       BinTreeNode * s, * p, * bt;
10       char ch; int count =- 1;
11       printf("按照层次输入二叉树的结点,以#结束:");
12       ch = getchar();
13       bt = NULL;                           //置二叉树为空
14       while (ch != '#')
15       {                                    //假设结点的值为单个字符,#为结束字符
16           s = NULL;                        //假设读入的为虚结点"@"
17           if (ch!= '@')
18           {
19               s = (BinTreeNode * )malloc(sizeof(BinTreeNode));   //申请新结点
20               s -> data = ch;
21               s -> leftchild = s -> rightchild = NULL;          //为新结点赋值
22           }
23           EnQueue_link(queue,s);           //将新结点地址或虚结点地址入队
24           count++;
25           if (count == 0)                  //若为 0,则是根结点,用 bt 指向它
26               bt = s;
27           else
28           {
29               p = FrontQueue_link(queue);
30               if ( s!= NULL && p!= NULL)   //当前结点及其双亲结点都不是虚结点
31               if (count % 2 == 1)          //count 为奇数,新结点作为左孩子插入
32                   p -> leftchild = s;
33               else p -> rightchild = s;    //count 为偶数,新结点作为右孩子插入
34               if (count % 2 == 0)
35                 //count 为奇数,说明两个孩子处理完,队头结点出队
36                   DeQueue_link(queue);
37           }
38           ch = getchar();                  //读下一个结点的值
39       } //while(ch!= '#')
40       return bt;
41   }
42   void LevelOrder(BinTree bt)              //使用队列层次遍历二叉树
43   {
44       BinTree p;
45       LinkQueue queue = SetNullQueue_Link();
46       if (bt == NULL) return;
47       p = bt;
48       EnQueue_link(queue, bt);             //根结点入队
49       while (!IsNullQueue_Link(queue))     //队列不空,循环执行
50       {
51           p = FrontQueue_link(queue);      //取队头元素
52           DeQueue_link(queue);             //出队
53           printf(" % c ", p -> data);      //输出结点数据域
54           if (p -> leftchild!= NULL)       //左子树不空,指针入队
```

```
55              EnQueue_link(queue, p->leftchild);
56          if (p->rightchild!= NULL)              //右子树不空,指针入队
57              EnQueue_link(queue, p->rightchild);
58      }
59      printf("\n");
60  }
```

3. main.c

```
1   #include <stdio.h>
2   #include <stdlib.h>
3   #include "LinkQueue.h"
4   #include "BinTreeQueue.h"
5   int main(void)
6   {
7       BinTreeNode * bt;
8       printf("二叉树的非递归建立:\n");
9       bt = CreateBinTree_NRecursion();
10      printf("层次遍历序列是:");
11      LevelOrder(bt);
12      return 0;
13  }
```

4. 测试用例和测试结果

测试用例和测试结果截图如图 4-4 所示。

图 4-4　测试用例及运行截图

四、扩展延伸

（1）设二叉树采用二叉链表结构,设计一个算法,求二叉树中的某结点所在的层次。

（2）使用 STL 中的队列实现二叉树的非递归建立和层次遍历。

（3）修改第 3 章定义的循环队列及实现,并使用其实现二叉树的非递归建立和层次遍历。

4.3　初级实验 3

一、实验目的

掌握用栈实现对二叉树的非递归深度遍历。

二、实验内容

用二叉链表表示二叉树,要求用栈数据结构辅助实现先序遍历、中序遍历和后序遍历的非递归算法(迭代)。

三、参考代码

1. 本程序的文件结构

本程序的文件结构如图 4-5 所示,说明如下。

（1）LinkStack.h：链栈头文件,提供了链栈的数据结构类型定义和相关接口说明。

（2）LinkStack.c：链栈接口的具体实现文件。

（3）BinTreeStack.h：二叉树头文件,提供了二叉链表表示的二叉树的数据结构类型定义和相关接口说明。

（4）BinTreeStack.c：二叉树接口的具体实现文件。

（5）main.c：主函数,对二叉树接口进行测试,实现对二叉树的非递归遍历,因此需要包含 LinkStack.h 和 BinTreeStack.h。

```
▲ 📱 初级实验 3
  ▲ 🗁 头文件
     ▷ 📄 BinTreeStack.h
     ▷ 📄 LinkStack.h
  ▷ 📁 外部依赖项
  ▲ 🗁 源文件
     ▷ ✦ BinTreeStack.c
     ▷ ✦ LinkStack.c
     ▷ ✦ main.c
       📁 资源文件
```

图 4-5　程序的文件结构图

先序遍历的非递归实现使用栈,在这里给出使用链栈的参考代码,值得注意的是,进栈的元素是指向 BinTreeNode 的指针,因此需要修改链栈的数据元素类型,具体如下。

```
typedef BinTreeNode *DataTypeStack;
```

在下面的先序遍历的非递归实现中,二叉树中的结点分别进栈和出栈一次。先序遍历的非递归实现的第二种迭代算法,结构与第一种迭代算法相同,但是相对于第一种迭代,减少了进栈的结点,只有右孩子进栈、出栈,左孩子直接访问,不进栈。

2. 二叉树的实现

（1）LinkStack.h。

```
1    #ifndef LinkStack_H
2    #define LinkStack_H
3    #include "BinTreeStack.h"
4    typedef BinTree DataTypeStack;
5    struct Node{
6        DataTypeStack data;
7        struct Node * next;
8    };
```

```
9    typedef struct Node * PNode;
10   typedef struct Node * LinkStack;
11   //函数功能:创建空链栈
12   //输入参数: 无
13   //返回值:空的链栈
14   LinkStack SetNullStack_Link();
15   //函数功能:判断一个链栈是否为空
16   //输入参数 top: 链栈栈顶指针
17   //返回值: 空栈返回 1,否则返回 0
18   int IsNullStack_link(LinkStack top);
19   //函数功能:进栈
20   //输入参数 top: 链栈栈顶指针
21   //输入参数 x: 进栈元素
22   //返回值: 无
23   void Push_link(LinkStack top, DataTypeStack x);
24   //函数功能:出栈
25   //输入参数 top: 链栈栈顶指针
26   //返回值: 无
27   void Pop_link(LinkStack top);
28   //函数功能:求栈顶元素的值
29   //输入参数 top: 链栈栈顶指针
30   //返回值: 栈顶元素的值
31   DataTypeStack Top_link(LinkStack top);
32   #endif
```

(2) LinkStack.c。

```
1    #include<stdio.h>
2    #include<stdlib.h>
3    #include "LinkStack.h"
4    LinkStack SetNullStack_Link()              //创建带有头结点的空链栈
5    {
6        LinkStack top = (LinkStack)malloc(sizeof(struct Node));
7        if (top != NULL) top->next = NULL;
8        else printf("Alloc failure");
9        return top;                            //返回栈顶指针
10   }
11   int IsNullStack_link(LinkStack top)        //判断一个链栈是否为空
12   {
13       if (top->next == NULL)
14           return 1;
15       else
16           return 0;
17   }
18   void Push_link(LinkStack top, DataTypeStack x)    //进栈
19   {
20       PNode p;
21       p = (PNode)malloc(sizeof(struct Node));
22       if (p == NULL)
23           printf("Alloc failure");
24       else
```

```
25          {
26              p - > data = x;
27              p - > next = top - > next;
28              top - > next = p;
29          }
30      }
31      void Pop_link(LinkStack top)                    //删除栈顶元素
32      {
33          PNode p;
34          if (top - > next == NULL)
35              printf("it is empty stack!");
36          else
37          {
38              p = top - > next;
39              top - > next = p - > next;
40              free(p);
41          }
42      }
43      DataTypeStack Pop_seq_return(LinkStack top)     //删除栈顶元素
44      {
45          PNode p; DataTypeStack temp;
46          if (top - > next == NULL)
47          {
48              printf("It is empty stack!");
49              return 0;
50          }
51          else
52          {
53              p = top - > next;
54              top - > next = p - > next;
55              temp = p - > data;
56              free(p);
57              return temp;
58          }
59      }
60      DataTypeStack Top_link(LinkStack top)           //求栈顶元素的值
61      {
62          if (top - > next == NULL)
63          {
64              printf("It is empty stack!");
65              return 0;
66          }
67          else
68              return top - > next - > data;
69      }
```

（3）BinTreeStack. h。

```
1       # ifndef BinTreeStack_H
2       # define BinTreeStack_H
3       typedef char DataType;
```

```
4     typedef struct BTreeNode
5     {
6         DataType data;
7         struct BTreeNode * leftchild;
8         struct BTreeNode * rightchild;
9     }BinTreeNode;
10    typedef BinTreeNode * BinTree;
11    //函数功能: 递归建立二叉树
12    //输入参数: 无
13    //返回值: 二叉树的根
14    BinTree CreateBinTree_Recursion();
15    //函数功能: 非递归先序遍历方法1
16    //输入参数: 二叉树的根
17    //返回值: 无
18    void PreOrder_NRecursion1(BinTree bt);
19    //函数功能: 非递归先序遍历方法2
20    //输入参数: 二叉树的根
21    //返回值: 无
22    void PreOrder_NRecursion2(BinTree bt);
23    //函数功能: 非递归中序遍历
24    //输入参数: 二叉树的根
25    //返回值: 无
26    void InOrder_NRecursion(BinTree bt);
27    //函数功能: 非递归后序遍历
28    //输入参数: 二叉树的根
29    //返回值: 无
30    void PostOrder_NRecursion(BinTree bt);
31    #endif
```

(4) BinTreeStack.c。

```
1     #include < stdio.h>
2     #include < stdlib.h>
3     #include "BinTreeStack.h"
4     #include "LinkStack.h"
5     BinTree CreateBinTree_Recursion()                //递归建立二叉树
6     {
7         char ch;
8         BinTree BT;
9         scanf_s("%c", &ch);
10        if (ch == '@')
11            BT = NULL;
12        else
13        {
14            BT = (BinTreeNode *)malloc(sizeof(BinTreeNode));
15            BT -> data = ch;
16            BT -> leftchild = CreateBinTree_Recursion();      //构造左子树
17            BT -> rightchild = CreateBinTree_Recursion();     //构造右子树
18        }
19        return BT;
20    }
```

```
21   void PreOrder_NRecursion1(BinTree bt)              //先序遍历非递归实现,第一种迭代算法
22   {
23       LinkStack lstack;                               //定义链栈
24       lstack = SetNullStack_Link();                   //初始化栈
25       BinTreeNode * p;
26       Push_link(lstack, bt);                          //根结点入栈
27       while (!IsNullStack_link(lstack))
28       {
29           p = Top_link(lstack);
30           Pop_link(lstack);
31           printf("%c", p->data);                      //访问结点
32           if (p->rightchild)
33               Push_link(lstack, p->rightchild);       //右子树不空,进栈
34           if (p->leftchild)
35               Push_link(lstack, p->leftchild);        //左子树不空,进栈
36       }//end while (!IsNullStack_link(lstack))
37   }
38   //第二种迭代算法,相对于第一种迭代,其减少了进栈的结点
39   void PreOrder_NRecursion2(BinTree bt)
40   {
41       LinkStack lstack;                               //定义链栈
42       BinTreeNode * p = bt;
43       lstack = SetNullStack_Link();                   //初始化栈
44       if (bt == NULL) return;
45       Push_link(lstack, bt);                          //根结点入栈
46       while (!IsNullStack_link(lstack))               //栈不空一直循环
47       {
48           p = Top_link(lstack);
49           Pop_link(lstack);
50           while (p)
51           {
52               printf("%c", p->data); //访问结点
53               if (p->rightchild)                      //右孩子是空,不用进栈
54                   Push_link(lstack, p->rightchild);
55               p = p->leftchild;
56           }//end while(p)
57       }//end while (!IsNullStack_link(lstack))
58   }
59   void InOrder_NRecursion(BinTree bt)                 //中序遍历非递归实现
60   {
61       LinkStack lstack;                               //定义链栈
62       lstack = SetNullStack_Link();                   //初始化栈
63       BinTree p;
64       p = bt;
65       if (p == NULL) return;
66       Push_link(lstack, bt);                          //根结点入栈
67       p = p->leftchild;                               //进入左子树
68       while (p||!IsNullStack_link(lstack))            //p非空或栈不空时循环
69       {
70           while (p!= NULL)                            //沿着左分支,左孩子进栈
71           {
```

```
72              Push_link(lstack, p);
73              p = p->leftchild;
74          }//end while (p!= NULL)
75          p = Top_link(lstack);                   //取栈顶元素
76          Pop_link(lstack);                       //出栈
77          printf("%c", p->data);                  //访问结点
78          p = p->rightchild;                      //右子树非空,扫描右子树
79      }//end while (p||!IsNullStack_link(lstack))
80  }
81  //后序遍历非递归实现,进栈、出栈各一次
82  void PostOrder_NRecursion(BinTree bt)
83  {
84      BinTree p = bt;
85      LinkStack lstack;                           //定义链栈
86      if (bt == NULL) return;
87      lstack = SetNullStack_Link();               //初始化栈
88      while (p!= NULL || !IsNullStack_link(lstack))    //p非空或栈不空时循环
89      {
90          while (p!= NULL)
91          {
92              Push_link(lstack, p);               //进栈
93              //左子树不空,左孩子进栈,否则右子树不空,右孩子进栈
94              p = p->leftchild? p->leftchild:p->rightchild;
95          }//end while (p!= NULL)
96          p = Top_link(lstack);                   //取栈顶元素
97          Pop_link(lstack);                       //出栈
98          printf("%c", p->data);                  //访问结点
99          if (!IsNullStack_link(lstack)&&(Top_link(lstack)->leftchild == p))
100             p = (Top_link(lstack))->rightchild;     //从左子树退回,进入右子树
101         else p = NULL;                          //从右子树退回,退回上一层
102     }//end while (p!= NULL || !IsNullStack_link(lstack))
103 }
```

3. main.c

```
1   #include <stdio.h>
2   #include <stdlib.h>
3   #include "linkstack.h"
4   #include "BinTreeStack.h"
5   //测试用例输入内容: AB@D@@CE@@@
6   int main(void)
7   {
8       BinTreeNode *bt;
9       printf("输入二叉树的先序序列:");
10      bt = CreateBinTree_Recursion();
11      printf("该二叉树的先序遍历序列为:");
12      PreOrder_NRecursion1(bt);
13      printf("\n该二叉树的中序遍历序列为:");
14      InOrder_NRecursion(bt);
15      printf("\n该二叉树的后序遍历序列为:");
```

```
16        PostOrder_NRecursion(bt);
17        printf("\n");
18        return 0;
19   }
```

4．测试用例和测试结果

测试用例和测试结果截图如图 4-6 所示。

图 4-6　测试用例及运行截图

四、扩展延伸

（1）通过实验比较说明用递归和非递归方法建立和遍历二叉树的优缺点。

（2）设二叉树采用二叉链表结构，设计一个非递归算法，将二叉树中每个结点的左、右孩子位置交换。

（3）设二叉树采用二叉链表结构，设计算法返回二叉树先序序列的最后一个结点的指针，要求采用非递归形式，且不使用栈。

4.4　中级实验 1

一、实验目的

掌握二叉树线索化的相关操作，包括建立、遍历和销毁线索二叉树。

二、实验内容

（1）设计算法实现对二叉树的中序线索化；
（2）中序遍历中序线索二叉树。

三、参考代码

1．本程序的文件结构

本程序的文件结构如图 4-7 所示，说明如下。

▲ 📇 中级实验1
　▲ 📁 头文件
　　▷ 📄 BinTreeThread.h
　　▷ 📄 LinkStack.h
　▷ 📇 外部依赖项
　▲ 📁 源文件
　　▷ ✦ BinTreeThread.c
　　▷ ✦ LinkStack.c
　　▷ ✦ main.c
　　🔲 资源文件

图 4-7　程序的文件结构图

（1）LinkStack.h：链栈头文件，提供了链栈的数据结构类型定义和相关接口说明。

（2）LinkStack.c：链栈接口的具体实现文件。

（3）BinTreeThread.h：线索二叉树头文件，提供了线索二叉树的数据结构类型定义和相关接口说明。

（4）BinTreeThread.c：线索二叉树接口的具体实现文件。

（5）main.c：主函数，对线索二叉树接口进行测试，实现对线索二叉树的建立和遍历，因此需要包含 LinkStack.h 和 BinTreeThread.h。

2. 线索二叉树的实现

（1）LinkStack.h。

```
1    # ifndef LINKSTACK_H
2    # define LINKSTACK_H
3    # include "BinTreeThread.h"
4    typedef BinTreeNode * DataTypeStack;
5    struct Node
6    {
7        DataTypeStack data;
8        struct Node * next;
9    };
10   typedef struct Node * PNode;
11   typedef struct Node * LinkStack;
12   //函数功能:创建空链栈
13   //输入参数:无
14   //返回值:空的链栈
15   LinkStack SetNullStack_Link();
16   //函数功能:判断一个链栈是否为空
17   //输入参数 top:链栈栈顶指针
18   //返回值:空栈返回 1,否则返回 0
19   int IsNullStack_link(LinkStack top);
20   //函数功能:进栈
21   //输入参数 top:链栈栈顶指针
22   //输入参数 x:进栈元素
23   //返回值:无
24   void Push_link(LinkStack top, DataTypeStack x);
25   //函数功能:出栈
26   //输入参数 top:链栈栈顶指针
27   //返回值:无
28   void Pop_link(LinkStack top);              //删除栈顶元素
29   //函数功能:求栈顶元素的值
30   //输入参数 top:链栈栈顶指针
31   //返回值:栈顶元素的值
32   DataTypeStack Top_link(LinkStack top);     //求栈顶元素的值
33   # endif
```

（2）LinkStack.c。

```
1    # include < stdio.h >
2    # include < stdlib.h >
```

```
3    # include "LinkStack.h"
4    LinkStack SetNullStack_Link()                        //创建带有头结点的空链栈
5    {
6        LinkStack top = (LinkStack)malloc(sizeof(struct Node));
7        if (top != NULL) top -> next = NULL;
8        else printf("Alloc failure");
9        return top;                                      //返回栈顶指针
10   }
11   int IsNullStack_link(LinkStack top)                  //判断一个链栈是否为空
12   {
13       if (top -> next == NULL)
14           return 1;
15       else
16           return 0;
17   }
18   void Push_link(LinkStack top, DataTypeStack x)       //进栈
19   {
20       PNode p;
21       p = (PNode)malloc(sizeof(struct Node));
22       if (p == NULL)
23           printf("Alloc failure");
24       else
25       {
26           p -> data = x;
27           p -> next = top -> next;
28           top -> next = p;
29       }
30   }
31   void Pop_link(LinkStack top)                         //删除栈顶元素
32   {
33       PNode p;
34       if (top -> next == NULL)
35           printf("it is empty stack!");
36       else
37       {
38           p = top -> next;
39           top -> next = p -> next;
40           free(p);
41       }
42   }
43   DataTypeStack Top_link(LinkStack top)                //求栈顶元素的值
44   {
45       if (top -> next == NULL)
46       {
47           printf("It is empty stack!");
48           return 0;
49       }
50       else
51           return top -> next -> data;
52   }
```

（3）BinTreeThread. h。

```
1    # ifndef _BinTreeThread_H
2    # define _BinTreeThread_H
3    typedef char DataType;
4    typedef struct BTreeNode
5    {
6        DataType data;
7        struct BTreeNode * leftchild;
8        struct BTreeNode * rightchild;
9        int ltag;
10       int rtag;
11   }BinTreeNode;
12   typedef BinTreeNode * BinTree;
13   //函数功能：递归建立二叉树
14   //输入参数：无
15   //返回值：二叉树的根
16   BinTree CreateBinTree();
17   //函数功能：对二叉树 bt 添加中序线索
18   //输入参数：二叉树的根
19   //返回值：无
20   void Create_InorderThread(BinTree bt);
21   //函数功能：中序遍历中序线索二叉树
22   //输入参数：线索二叉树的根
23   //返回值：无
24   void Inorder_ThreadBinTree(BinTree bt);
25   # endif
```

（4）BinTreeThread. c。

```
1    # include < stdio. h>
2    # include < stdlib. h>
3    # include "BinTreeThread. h"
4    # include "LinkStack. h"
5    BinTree CreateBinTree()                      //递归建立初始的二叉树
6    {
7        char ch;
8        BinTree BT;
9        scanf_s(" % c", &ch);
10       if (ch == '@')
11           BT = NULL;
12       else
13       {
14           BT = (BinTreeNode * )malloc(sizeof(BinTreeNode));
15           BT -> data = ch;
16           BT -> ltag = 0;                      //设置左标志位
17           BT -> rtag = 0;                      //设置右标志位
18           BT -> leftchild = CreateBinTree();   //构造左子树
19           BT -> rightchild = CreateBinTree();  //构造右子树
20       }
21       return BT;
```

```
22      }
23      void Create_InorderThread(BinTree bt)              //建立中序穿线树
24      {
25          LinkStack st = SetNullStack_Link();
26          BinTreeNode * p, * pr, * q;
27          if (bt == NULL) return;
28          p = bt;
29          pr = NULL;
30          do{
31              while (p!= NULL)
32              {
33                  Push_link(st, p);
34                  p = p->leftchild;
35              }
36              p = Top_link(st);
37              Pop_link(st);
38              if (pr!= NULL)
39              {
40                  if (pr->rightchild == NULL)          //pr 的右子树为空,设置 pr 的 rtag
41                  { pr->rightchild = p; pr->rtag = 1; }
42                  if (p->leftchild == NULL)            //p 的左子树为空,设置 p 的 ltag
43                  { p->leftchild = pr; p->ltag = 1; }
44              }
45              pr = p;
46              p = p->rightchild;
47          } while (!IsNullStack_link(st) || p!= NULL);
48          p = bt; q = bt;
49          //对中序遍历的第一个结点特殊处理
50          while (p->leftchild!= NULL) p = p->leftchild;
51          p->ltag = 1;
52          //对中序遍历的最后一个结点特殊处理
53          while (q->rightchild!= NULL) q = q->rightchild;
54          q->rtag = 1;
55      }
56      void Inorder_ThreadBinTree(BinTree bt)              //中序遍历中序穿线树
57      {
58          BinTreeNode * p;
59          if (bt == NULL) return;
60          p = bt;
61          //沿着左子树一直向下找第一个结点
62          while (p->leftchild != NULL && p->ltag == 0)
63              p = p->leftchild;
64          while (p != NULL)
65          {
66              printf(" % c ", p->data);
67              printf(" % d ", p->ltag);
68              printf(" % d\n", p->rtag);
69              if (p->rightchild!= NULL &&p->rtag == 0)          //右子树不是线索时
70              {
71                  p = p->rightchild;
72                  while (p->leftchild!= NULL && p->ltag == 0)
```

```
73                         //顺右子树的左子树一直向下
74                         p = p->leftchild;
75                     }
76                     else p = p->rightchild;                    //顺线索向下
77             }//end while (p != NULL)
78     }
```

3. main.c

```
1      #include <stdio.h>
2      #include <stdlib.h>
3      #include "linkstack.h"
4      #include "BinTreeThread.h"
5      //测试用例:AB@D@@CE@@@
6      int main(void)
7      {
8          BinTreeNode *bt;
9          printf("输入二叉树的先序序列建立二叉树:");
10         bt = CreateBinTree();
11         printf("建立中序穿线树");
12         Create_InorderThread(bt);
13         printf("\n中序线索化二叉树:\n");
14         Inorder_ThreadBinTree(bt);
15         return 0;
16     }
```

4. 测试用例和测试结果

测试用例和测试结果截图如图 4-8 所示。

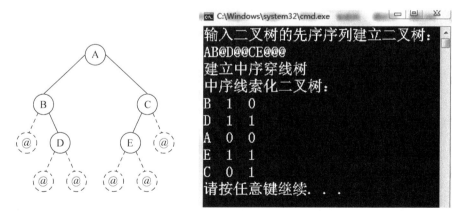

图 4-8　测试用例及运行截图

四、扩展延伸

验证下面的销毁线索化二叉树的算法是否正确,分析为什么。如果不正确,请设计实现该功能。

```
1    void Destory_ThreadBinTree(bt)
2    {
3      if (bt!= NULL)
4        {
5             Destory_ThreadBinTree(bt -> leftchild);
6             Destory_ThreadBinTree(bt -> rightchild);
7             free(bt);
8        }
9    }
```

4.5　中级实验 2

一、实验目的

掌握哈夫曼树的基本概念和建立算法。

二、实验内容

(1) 设计哈夫曼树的存储结构;

(2) 设计算法创建一棵哈夫曼树;

(3) 通过对仅包含小写字母的文件进行分析,获取字母权值。

三、参考代码

1. 本程序的文件结构

本程序的文件结构如图 4-9 所示,说明如下。

(1) huffman.h:哈夫曼树头文件,提供了哈夫曼树的数据结构类型定义和相关接口说明。

(2) huffman.c:哈夫曼树接口的具体实现文件。

(3) main.c:主函数,对哈夫曼树接口进行测试,实现哈夫曼树的建立,因此需要包含 huffman.h。

▲ 📝 中级实验2
　　▲ 🗀 头文件
　　　▷ 🗋 huffman.h
　　▷ 🗀 外部依赖项
　　▲ 🗀 源文件
　　　▷ ➕ huffman.c
　　　▷ ➕ main.c
　　🗀 资源文件

图 4-9　程序的文件结构图

2. 线索二叉树的实现

(1) huffman.h。

```
1    # ifndef HUFFMAN_H
2    # define HUFFMAN_H
3    # define MAX 100
4    # define CHARLEN 50
5    struct HuffNode                            //定义哈夫曼树结点
6    {
7        int weight;                            //权值
8        int parent, leftchild, rightchild;     //父结点与左、右孩子
9    };
```

```
10   typedef struct HuffNode * HtNode;
11   typedef struct HuffTreeNode                        //定义哈夫曼树
12   {
13       int n;                                         //哈夫曼树叶子结点的个数
14       int root;                                      //哈夫曼树的树根
15       HtNode ht;                                     //指向哈夫曼树的指针
16   } * HuffTree;
17   //函数功能: 读入自选文件或默认文件进行字频分析
18   //输入参数: 无
19   //返回值: freq 为字频分析结果数组的首地址
20   int * GetFrequency();
21   //函数功能: 构造哈夫曼树
22   //输入参数 n: 哈夫曼树叶子结点个数
23   //输入参数 w: 哈夫曼树叶子结点权值数组的首地址
24   //返回值: 哈夫曼树的根
25   HuffTree CreateHuffTree(int n, int * w);
26   #endif
```

（2）huffman.c。

```
1    #include <stdio.h>
2    #include <stdlib.h>
3    #include "huffman.h"
4    int * GetFrequency()                               //读入自选文件或默认文件进行字频分析
5    {
6        int i;
7        int LEN = CHARLEN;
8        FILE * fp = NULL;
9        int * freq = (int * )malloc(sizeof(int) * LEN);
10       //初始化 freq 数组
11       for (i = 0; i < LEN; i++)
12           freq[i] = 0;
13       fp = fopen(".\\file.txt", "r");
14       if (fp == NULL)
15       {
16           printf("\n\t\t 找不到文件\"\n");
17           exit(0);
18       }
19       //对文件进行字频分析,在这里假设只有小写字母
20       for (char ch; 0 < fscanf_s(fp, "%c", &ch);)
21       {
22           printf("%c ", ch);
23           if (ch >= 0x61) freq[ch - 0x61]++;
24       }
25       printf("\n");
26       fclose(fp);
27       return freq;
28   }
29   //构造哈夫曼树
30   HuffTree CreateHuffTree(int n, int * w)
31   {
```

```
32          HuffTree pht;
33          int i, j, x1, x2, min1, min2;
34          pht = (HuffTree)malloc(sizeof(struct HuffTreeNode));
35          if (pht == NULL)
36          {
37              printf("Out of space!!\n");
38              return NULL;
39          }
40          //为哈夫曼树申请 2n-1 个空间
41          pht -> ht = (HtNode)malloc(sizeof(struct HuffNode) * (2 * n - 1));
42          if (pht -> ht == NULL){
43              printf("Out of space!!\n");
44              return NULL;
45          }
46          //初始化哈夫曼树
47          for (i = 0; i < 2 * n - 1; i++)
48          {
49              pht -> ht[i].leftchild = - 1;          //初始化叶结点左孩子
50              pht -> ht[i].rightchild = - 1;         //初始化叶结点右孩子
51              pht -> ht[i].parent = - 1;             //初始化叶结点的父亲
52              if (i < n)
53                  pht -> ht[i].weight = w[i];
54              else
55                  pht -> ht[i].weight = - 1;
56          }
57          for (i = 0; i < n - 1; i++)
58          {
59              min1 = MAX;                            //min1 代表极小值
60              min2 = MAX;                            //min2 代表次小值
61              x1 = - 1;                              //极小值下标
62              x2 = - 1;                              //次小值下标
63              //找到极小值下标 x1 并把极小值赋给 min1
64              for (j = 0; j < n + i; j++)
65              if (pht -> ht[j].weight < min1&&pht -> ht[j].parent == - 1)
66              {
67                  min2 = min1;
68                  x2 = x1;
69                  min1 = pht -> ht[j].weight;
70                  x1 = j;
71              }
72              //找到次小值下标 x2 并把次小值赋给 min2
73              else if (pht -> ht[j].weight < min2&&pht -> ht[j].parent == - 1)
74              {
75                  min2 = pht -> ht[j].weight;
76                  x2 = j;
77              }
78              //构建 x1、x2 的父结点
79              pht -> ht[x1].parent = n + i;          //x1 父结点下标
80              pht -> ht[x2].parent = n + i;          //x2 父结点下标
81              pht -> ht[n + i].weight = min1 + min2; //父结点的权值为极小值加次小值
81              pht -> ht[n + i].leftchild = x1;       //父结点的左孩子为 x1
82              pht -> ht[n + i].rightchild = x2;      //父结点的右孩子的 x2
83          }
84          pht -> root = 2 * n - 2;                   //哈夫曼树根结点的位置
```

```
85        pht -> n = n;
86        return pht;
87  }
```

3. main.c

```
1   # include < stdio. h >
2   # include < stdlib. h >
3   # include "huffman. h"
4   int main(void)
5   {
6       int * text;
7       int num = 6, i = 0;                        //num 为哈夫曼树叶子结点的个数
8       HuffTree pht;                              //定义哈夫曼树
9       printf("请输入结点的个数\n");
10      / * scanf_s("% d", &num);                   //从键盘读入权值信息
11      for (i = 0; i < num; i++)
12      scanf_s("% d", &text[i]);
13      printf("\n"); * /
14      text = GetFrequency();                     //从文件读入信息,并分析权值
15      printf("构建哈夫曼树前,遍历哈夫曼表数组初态:\n");
16      printf("weight leftchild rightchild parent\n");
17      for (i = 0; i < num; i++)
18          printf("% 2d  - 1  - 1  - 1\n", text[i]);
19      printf("\n");
20      pht = CreateHuffTree(num, text);           //构建哈夫曼树
21      printf("构建哈夫曼树后,遍历哈夫曼表数组终态:\n");    //输出哈夫曼树
22      printf("ww leftchild rightchild parent\n");
23      for (i = 0; i < num * 2 - 1; i++){
24          printf("% 2d % 2d % 2d % 2d\n",
25              pht -> ht[i]. weight, pht -> ht[i]. leftchild,
26          pht -> ht[i]. rightchild, pht -> ht[i]. parent);
27      }
28      return 0;
29  }
```

4. 测试用例和测试结果

file. txt 文件的信息如下。

abcaaaabbcccccccddeeeeeeeeeeeeffffffff

测试用例和测试结果截图如图 4-10 所示。

四、扩展延伸

（1）读入英文文档,对其中的字符进行分析,得出字符（26 个字母和标点符号等）出现的频率;

（2）根据字符串中字符出现的频率进行哈夫曼编码,并将编码后的信息保存为文件的形式,比如 encode. txt,输出编码结果和编码表;

（3）读入 encode. txt 进行译码,将译码的结果保存为 decode. txt;

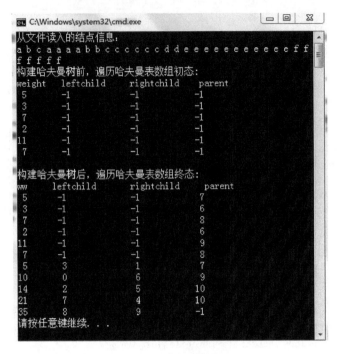

图 4-10　测试截图

（4）计算压缩率。

4.6　高级实验

一、实验目的

掌握孩子兄弟链表的树形存储表示，并实现文件目录管理和显示。

二、实验内容

在 Windows 系统中，对目录和文件的表示是采用树形结构的形式。本实验要求设计合理的数据结构，编程实现树形输出形式，包括以下功能。

（1）查找算法：在目录树中查找指定的目录或文件。

（2）添加算法：在目录树中添加新的目录或文件。

（3）删除算法：删除指定的目录或文件，注意子目录能够被删除的前提是它不再包含任何子目录和文件，并且根目录不能删除。

（4）扩充目录或文件信息，例如创建时间、读写权限、文件长度或子目录包含的子目录和文件数等。

（5）" * "代表任意多个字符，"?"代表任意一个字符，要求在查找、添加、删除算法中支持使用这两个通配符。

（6）设计测试用例和主程序测试以上算法接口。

三、参考代码

1．文件结构和函数调用关系

本程序的文件结构如图 4-11 所示，说明如下。

（1）directory.h：头文件，提供了相关数据结构类型定义和相关接口说明。

（2）directory.cpp：用户接口的具体实现文件。

（3）file.cpp：与文件操作有关的接口的实现文件。

（4）utility.cpp：辅助功能接口的实现文件。

（5）main.cpp：主函数，实现文件目录的相关操作，因此需要包含 directory.h。

图 4-11　程序的文件结构图

本程序中的函数调用关系如图 4-12 所示。

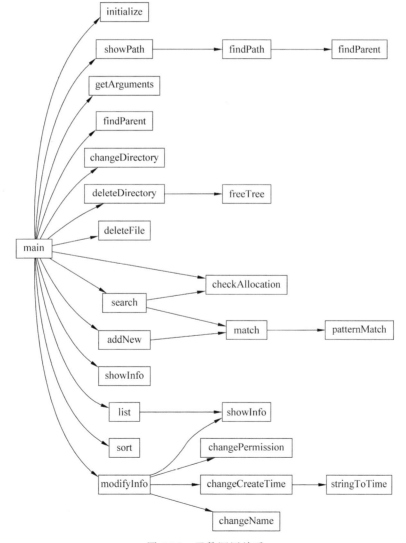

图 4-12　函数调用关系

2. 文件目录的实现

（1）directory. h。

```
1    # include < stdio. h >
2    # include < stdlib. h >
3    # include < stdbool. h >
4    # include < string. h >
5    # include < time. h >
6    # define MAXLEN 50
7    # define MAXSIZE 10
8    # ifndef DIRECTORY_H_
9    # define DIRECTORY_H_
10   using namespace std;
11   struct Node
12   {
13       //文件信息
14       char name[MAXLEN];
15       char type[MAXLEN];           //文件类型
16       int permission;              //(read, write, execute) = (4, 2, 1),类似 Linux 权限
17       time_t createTime;           //定义于 < time. h >
18       bool isFile;
19       bool isFolder;
20       FILE * filePtr;
21       struct Node * firstChild;    //左孩子指针
22       struct Node * nextSibling;   //右兄弟指针
23   };
24   typedef struct Node * PNode, * FDTree;
25   / ************** directory. cpp *************** /
26   //函数功能:显示路径
27   //输入参数 root:指向树根
28   //输入参数 parent:指向路径的最后一级
29   //返回值:0
30   int showPath(FDTree root, PNode parent);
31   //函数功能:解析命令
32   //输入参数 args:存放命令的数量
33   //输入参数 argv:存放分解的命令
34   //返回值:0
35   int getArguments(int * args, char argv[][MAXLEN]);
36   //函数功能:寻找从 child 的 parent
37   //输入参数 root:树根
38   //输入参数 child:要寻找父级文件夹的文件
39   //返回值:指向 child 的上级目录的指针
40   PNode findParent(FDTree root, PNode child);
41   //函数功能:切换工作目录
42   //输入参数 root:指向树根
43   //输入参数 * parent:指向当前目录的指针的地址
44   //输入参数 path:存放目标路径
45   //返回值:返回指向新工作路径的结构体指针
46   PNode changeDirectory(FDTree root, PNode * parent, char * path);
```

```
47    //函数功能:按创建时间从早到晚排序当前文件夹下的文件
48    //输入参数 parent:指向当前目录
49    //返回值:0
50    int sort(PNode parent);
51    //函数功能:列出当前目录下所有的文件和文件夹
52    //输入参数 parent:指向当前目录
53    //返回值:0
54    int list(PNode parent);
55    //函数功能:删除 directory 中的所有文件和文件夹
56    //输入参数 root:指向树根
57    //输入参数 directory:指向要删除的目录
58    //返回值:若删除成功返回 0,否则返回 1
59    int deleteDirectory(FDTree root, PNode directory);
60    //函数功能:搜索与 target 的信息相匹配的文件或文件夹
61    //输入参数 root:树根
62    //输入参数 target:存放要搜索的文件信息,例如文件名
63    //返回值:返回存放有搜索结果的结构体指针数组
64    PNode * search(FDTree root, PNode target);
65    //函数功能:在 parent 目录下添加一个新文件或文件夹
66    //输入参数 parent:指向当前目录的指针
67    //输入参数 target:存放要添加的文件信息,例如文件名
68    //返回值:若添加成功返回 0,否则返回 1
69    int addNew(FDTree parent, PNode target);
70    / *************** file.cpp **************** /
71    //函数功能:删除 parent 文件夹中名为 name 的文件
72    //输入参数 parent:指向要删除文件的上级目录
73    //输入参数 name:要删除文件的文件名
74    //返回值:若删除成功返回 0
75    int deleteFile(PNode parent, char * name);
76    //函数功能:根据提示修改文件信息
77    //输入参数 file:指向要修改信息的文件
78    //返回值:若删除成功返回 0
79    int modifyInfo(PNode file);
80    //函数功能:修改文件名
81    //输入参数 file:指向要修改文件名的文件
82    //返回值:若修改成功返回 0
83    int changeName(PNode file);
85    //函数功能:修改文件权限
86    //输入参数 file:指向要修改文件权限的文件
87    //返回值:若修改成功返回 0
88    int changePermission(PNode file);
89    //函数功能:修改文件创建时间
90    //输入参数 file:指向要修改文件创建时间的文件
91    //返回值:若修改成功返回 0
92    int changeCreateTime(PNode file);
93    //函数功能:显示文件信息
94    //输入参数 file:指向要显示信息的文件
95    //输入参数 mod:显示模式,less 为简略模式,more 为详细模式
96    //返回值:0
97    int showInfo(PNode file, const char * mod);
98    / *************** utility.cpp **************** /
```

```
99    //函数功能:用于 search 函数的匹配检查
100   //输入参数 current:指向正在检查是否匹配的文件
101   //输入参数 target:指向临时构造的存有匹配信息的结构体
102   //返回值:匹配返回 true, 不匹配返回 false
103   bool match(PNode current, PNode target);
104   //函数功能:模式匹配
105   //输入参数 str1:要检查是否匹配的字符串
106   //输入参数 pattern:用户输入的带通配符的字符串
107   //返回值:匹配返回 true, 不匹配返回 false
108   bool patternMatch(char * str1, char * pattern);
109   //函数功能:得到从 root 到 parent 的路径
110   //输入参数 root:树根
111   //输入参数 parent:目标文件夹
112   //输入参数 paths:存放每一级目录名称的字符串数组
113   //返回值:返回路径级数 level
114   int findPath(FDTree root, PNode parent, char paths[ ][MAXLEN]);
115   //函数功能:将字符串转换为 time_t 长整型
116   //输入参数 str:要转换的字符串,格式为 "yyyy - mm - dd hh:mm:ss"
117   //返回值:长整型 time_t,为 1970 年 01 月 01 日 00 时 00 分 00 秒至现在的总秒数
118   time_t stringToTime(char * str);
119   //函数功能:初始化文件信息
120   //输入参数 file:要初始化的文件
121   //返回值:无
122   void initialize(PNode file);
123   //函数功能:检查申请空间是否成功
124   //输入参数 node:要检查的结点
125   //返回值:若申请成功返回 true,否则返回 false
126   int checkAllocation(PNode node);
127   //函数功能:检查文件夹是否为空
128   //输入参数 folder:被检查的文件夹
129   //返回值:如果为空返回 true,不为空返回 false
130   bool isEmptyFolder(PNode folder);
131   //函数功能:删除一整棵树
132   //输入参数 root:被删除树的树根
133   //返回值:操作成功返回 0
134   int freeTree(FDTree root);
135   #endif //!DIRECTORY_H_
```

(2) directory. cpp。

```
1     #include "directory.h"
2     #include < queue >
3     int showPath(FDTree root, PNode parent)                    //显示路径
4     {
5         char paths[MAXSIZE][MAXLEN];
6         char path[MAXLEN] = "";
7         int level = 0;
8         level = findPath(root, parent, paths);
9         for (int i = 0; i < level; i++)
10        {
11            strcat(path, paths[i]);
```

```
12              strcat(path, "\\");
13          }
14      printf(" % s", path);
15      return 0;
16  }
17  int getArguments(int * args, char argv[][MAXLEN])          //获取操作参数
18  {
19      char buffer[MAXLEN];
20      char * token;
21      int i = 0;
22      gets_s(buffer, MAXLEN);
23      token = strtok(buffer, " ");
24      while (token!= NULL)
25      {
26          strcpy(argv[i], token);
27          token = strtok(NULL, " ");
28          i++;
29      }
30      * args = i;
31      return 0;
32  }
33  PNode findParent(FDTree root, PNode child)          //找到上一级指针
34  {
35      queue < PNode > Queue;
36      PNode parent[MAXSIZE], elder[MAXSIZE], current;
37      int n, i = 0;
38      current = root;
39      if (child == root)    return root;
40      if (current)
41      {
42          Queue.push(current);
43          while (!Queue.empty())
44          {
45              current = Queue.front();
46              Queue.pop();
47              if (current -> firstChild && current -> isFolder)
48              {
49                  parent[i] = current;
50                  elder[i] = current -> firstChild;
51                  i++;
52              }
53              if (current -> firstChild)
54                  Queue.push(current -> firstChild);
55              if (current -> nextSibling)
56                  Queue.push(current -> nextSibling);
57          }//end while(!Queue.empty())
58          n = i;
59          for (i = 0; i < n; i++)
60          {
61              current = elder[i];
62              while (current!= NULL)
```

```
63                {
64                    if (strcmp(current -> name, child -> name) == 0)
65                        return parent[i];
66                    current = current -> nextSibling;
67                }
68            }//end for(i = 0; i < n; i++)
69        }//end if(current)
70        else
71            return NULL;
72   }
73   //更改工作目录
74   PNode changeDirectory(FDTree root, PNode * parent, char * path)
75   {
76        char paths[MAXSIZE][MAXLEN];
77        int n, i = 0; char * token;
78        PNode current, tmp = * parent;
79        token = strtok(path, "\\");
80        while (token!= NULL)
81        {
82            strcpy(paths[i], token);
83            token = strtok(NULL, "\\");
84            i++;
85        }
86        n = i;
87        if (strcmp(paths[0], "root") == 0)
88        {
89            * parent = root;
90            current = root -> firstChild;
91            for (i = 1; i < n; i++)
92            {
93                while (true)
94                {
95                    if (current == NULL)
96                    {
97                        printf("不存在该目录\n");
98                        return NULL;
99                    }
100                   if(current -> isFolder&&strcmp(current -> name, paths[i]) == 0)
101                   {
102                       * parent = tmp; break;
103                   }
104                   else
105                       current = current -> nextSibling;
106               }//end while(true)
107           }//end for(i = 0; i < n; i++)
108       }
109       else
110       {
111           current = ( * parent) -> firstChild;
112           for (i = 0; i < n; i++)
113           {
```

```
114              while (true)
115              {
116                  if (current == NULL)
117                  {
118                      printf("不存在该目录\n");
119                      return NULL;
120                  }
121                  if(current -> isFolder&&strcmp(current -> name, paths[i]) == 0)
122                  {
123                      * parent = tmp;
124                      break;
125                  }
126                  else
127                      current = current -> nextSibling;
128              }//end while(true)
129          }//end for(i = 0; i < n; i++)
130      }
131      return current;
132 }
133 //将当前目录中的所有项目按照时间从早到晚的顺序排序
134 int sort(PNode parent)
135 {
136      PNode current, prev, head;
137      int i, j, n = 0;
138      head = (PNode)malloc(sizeof(Node));
139      head -> nextSibling = parent -> firstChild;
140      prev = head;
141      current = head -> nextSibling;
142      while (current!= NULL)
143      {
144          current = current -> nextSibling;
145          n++;
146      }
147      current = head -> nextSibling;
148      for (i = 0; i < n; i++)
149      {
150          for (j = 0; j < n - i - 1; j++)
151          {
152              if(current -> createTime > current -> nextSibling -> createTime)
153              {
154                  prev -> nextSibling = current -> nextSibling;
155              current -> nextSibling = current -> nextSibling -> nextSibling;
156                  prev -> nextSibling -> nextSibling = current;
157                  prev = prev -> nextSibling;
158                  continue;
159              }
160              current = current -> nextSibling;
161              prev = prev -> nextSibling;
162          }//end for(j = 0; j < n - i - 1; j++)
163          current = head -> nextSibling;
164          prev = head;
```

```
165        }//end for(i = 0;i < n;i++)
166        parent -> firstChild = head -> nextSibling;
167        return 0;
168 }
169 int list(PNode parent)                                    //列出当前目录中的所有项目
170 {
171        PNode current;
172        current = parent -> firstChild;
173        while (current!= NULL)
174        {
175            showInfo(current, "less");
176            printf("\n");
177            current = current -> nextSibling;
178        }
179        return 0;
180 }
181 int deleteDirectory(FDTree root, PNode directory)          //删除一个目录
182 {
183        queue < PNode > Queue;
184        PNode current, elder, parent;
185        //如果 current 是长子,elder 为父母指针; 如果 current 是兄弟,elder 为兄长
186        current = root;
187        if (directory == NULL)                                //要删除的目录不存在
188            return - 1;
189        if (current)
190        {
191            Queue.push(current);
192            while (!Queue.empty())
193            {
194                parent = Queue.front();
195                Queue.pop();
196                elder = parent -> firstChild;
197                //如果要删除的目录是首目录
198                if (elder == directory)
199                {
200                    parent -> firstChild = elder -> nextSibling;
201                    freeTree(elder -> firstChild);
202                    free(elder);
203                    return 0;
204                }//end if(elder == directory)
205                current = elder -> nextSibling;
206                while (current)
207                {
208                    //如果要删除的目录是普通的目录
209                    if (current == directory)
210                    {
211                        elder -> nextSibling = current -> nextSibling;
212                        freeTree(current -> firstChild);
213                        free(current);
214                        return 0;
215                    }//end if(current == directory)
```

```
216             Queue.push(current);
217                 elder = current;
218                 current = current -> nextSibling;
219             }//end while(current)
220         }//end while(!Queue.empty())
221     }
222     else
223         return 1;
224 }
225 //返回一个存放有搜索结果的 PNode 数组
226 PNode * search(FDTree root, PNode target)
227 {
228     queue < PNode > Queue;
229     PNode * result, current = root;
230     int i = 0;
231     result = (PNode * )malloc(sizeof(PNode) * MAXSIZE);
232     checkAllocation(result[0]);
233     for (int j = 0; j < MAXSIZE; j++)
234         result[j] = NULL;
235     if (current)
236     {
237         Queue.push(current);
238         while (!Queue.empty() && i < MAXSIZE)
239         {
240             current = Queue.front();
241             Queue.pop();
242             if (match(current, target))
243             {
244                 result[i] = current;
245                 i++;
246             }
247             if (current -> firstChild)
248                 Queue.push(current -> firstChild);
249             if (current -> nextSibling)
250                 Queue.push(current -> nextSibling);
251         }
252     }
253     else
254         return NULL;
255     return result;
256 }
257 int addNew(FDTree parent, PNode target)              //添加一个新项目
258 {
259     PNode elder, current;
260     current = parent -> firstChild;
261     while (current)
262     {
263         if (match(current, target))                  //文件名相同
264         {
265             if (!strcmp(current -> type, target -> type)) //文件类型也相同
266             {
```

```
267                    printf("当前目录已存在同名文件.\n");
268                    return 1;
269                }
270            }
271            current = current->nextSibling;
272        }
273        if (parent->firstChild == NULL)
274            parent->firstChild = target;
275        else
276        {
277            elder = parent->firstChild;
278            while (elder->nextSibling)
279                elder = elder->nextSibling;
280            elder->nextSibling = target;
281        }
282        //提取文件类型
283        char * ptr;
284        ptr = strchr(target->name, '.');
285        if (ptr!= NULL)                              //如果文件有扩展名
286            sprintf(target->type, "%s", ptr + 1);    //提取扩展名
287        else if (target->isFolder)
288            strcpy(target->type, "文件夹");
289        return 0;
290 }
```

(3) file. cpp。

```
1    # include "directory. h"
2    # include < queue >
3    int deleteFile(PNode parent, char * name)                //删除一个文件
4    {
5        PNode current, elder;
6        elder = parent->firstChild;
7        if (elder == NULL)
8        {
9            printf("该文件夹为空\n");
10           return -1;
11       }
12       current = elder->nextSibling;
13       if (elder->isFile && strcmp(elder->name, name) == 0)
14       {
15           parent->firstChild = current;
16           free(elder);
17       }
18       else
19       {
20           while (true)
21           {
22               if (current == NULL)
23               {
24                   printf("不存在该文件\n");
```

```
25              return -1;
26          }
27          else if(current->isFile&&strcmp(current->name,name) == 0)
28              break;
29          elder = current;
30          current = current->nextSibling;
31      }
32      elder->nextSibling = current->nextSibling;
33      free(current);
34  }
35  return 0;
36 }
37 int modifyInfo(PNode file)                           //更改文件信息
38 {
39  int cmd;
40  do
41  {
42      printf("\t 请选择要修改的文件信息:\n");
43      printf("\t1)文件名\n");
44      printf("\t2)权限\n");
45      printf("\t3)创建时间\n");
46      printf("\t4)退出\n");
47      scanf_s("%d", &cmd);
48      switch (cmd)
49      {
50      case 1:
51          changeName(file);
52          showInfo(file, "more");
53          break;
54      case 2:
55          changePermission(file);
56          break;
57      case 3:
58          changeCreateTime(file);
59          break;
60      default:
61          break;
62      }
63  } while (cmd < 4);
64  return 0;
65 }
66 int changeName(PNode file)                           //更改项目名称
67 {
68  char name[MAXLEN];
69  printf("\t 请输入文件 %s 的新文件名:\n", file->name);
70  scanf_s("%s", name, sizeof(name));
71  strcpy(file->name, name);
72  return 0;
73 }
74 int changePermission(PNode file)                     //更改项目权限
75 {
```

```
76        int per;
77        printf("\t请输入文件 %s的新421权限码(1-7):\n", file->name);
78        scanf_s("%d", &per);
79        if (per>7 || per<1)
80        {
81            printf("\t权限码输入错误,退回上一级菜单.\n");
82            return 1;
83        }
84        else
85        {
86            file->permission = per;
87            return 0;
88        }
89    }
90    int changeCreateTime(PNode file)                    //更改创建时间
91    {
92        char str1[MAXLEN], str2[MAXLEN];
93        int len;
94        printf("\t请输入文件 %s的新创建时间:\n", file->name);
95        scanf_s("%s", str1, sizeof(str1));
96        scanf_s("%s", str2, sizeof(str2));
97        len = strlen(str1);
98        str1[len] = ' ';
99        str1[len+1] = '\0';
100       strcat(str1, str2);
101       file->createTime = stringToTime(str1);
102       return 0;
103   }
104   int showInfo(PNode file, const char *mod)           //显示项目信息
105   {
106       char str[MAXLEN];
107       if (strcmp(mod, "more") == 0)
108       {
109           printf("\t文件名:%s\n", file->name);
110           printf("\t文件类型:%s\n", file->type);
111           printf("\t权限:%d\n", file->permission);
112           printf("\t创建时间:");
113           strftime(str,MAXLEN,"%Y-%m-%d %H:%M:%S",
114                        localtime(&file->createTime));
115           printf("%s", str);
116           printf("\n");
117       }
118       else if (strcmp(mod, "less") == 0)
119       {
120           printf("\t%s", file->name);
121           printf("\t%s\t", file->type);
122           strftime(str,MAXLEN,"%Y-%m-%d %H:%M:%S",
123                        localtime(&file->createTime));
124           printf("%s\t", str);
125       }
126       return 0;
```

```
127 }
```

3. main.c

```
1    # include "directory.h"
2    int main(void)
3    {
4        FDTree tree;
5        PNode current, parent, elder, * result;
6        int args = 0;
7        char argv[20][MAXLEN];
8        tree = (PNode)malloc(sizeof(Node));
9        initialize(tree);
10       tree -> isFolder = true;
11       strcpy_s(tree -> name, "root");
12       parent = tree;                              //初始化
13       elder = tree -> firstChild;
14       showPath(tree, parent);
15       printf(": ");
16       //解析输入指令行中的参数
17       getArguments(&args, argv);
18       while (strcmp(argv[0], "exit") != 0)
19       {
20           //更改活动路径
21           if (strcmp(argv[0], "cd") == 0)
22           {
23               //切换到上一级目录
24               if (strcmp(argv[1], "..") == 0)
25               {
26                   parent = findParent(tree, parent);
27               }
28               else
29               {
30                   changeDirectory(tree, &parent, argv[1]);
31               }
32           }//end if (strcmp(argv[0], "cd") == 0)
33           //列出当前目录中的文件和文件夹
34           else if (strcmp(argv[0], "dir") == 0)
35           {
36               list(parent);
37           }
38           //删除文件
39           else if (strcmp(argv[0], "del") == 0)
40           {
41               deleteFile(parent, argv[1]);
42           }
43           else if (strcmp(argv[0], "rmdir") == 0)
44           {
45               PNode directory = changeDirectory(tree, &parent, argv[1]);
46               deleteDirectory(tree, directory);
```

```
47              }
48              //搜索文件或文件夹
49              else if (strcmp(argv[0], "find") == 0)
50              {
51                  //构造一个新的 Node 结构体,存放搜索信息
52                  current = (PNode)malloc(sizeof(Node));
53                  checkAllocation(current);
54                  initialize(current);
55                  //在这里这个结构体只存放文件名
56                  strcpy_s(current -> name, argv[1]);
57                  result = search(tree, current);
58                  for (int i = 0; result[i]!= NULL; i++)
59                  {
60                      printf("\t");
61                      PNode tmp = findParent(tree, result[i]);
62                      showInfo(result[i], "less");
63                      showPath(tree, tmp);
64                      printf("\n");
65                  }
66              }
67              else if (strcmp(argv[0], "touch") == 0)              //创建文件
68              {
69                  current = (PNode)malloc(sizeof(Node));
70                  checkAllocation(current);
71                  initialize(current);
72                  current -> isFile = true;
73                  strcpy_s(current -> name, argv[1]);
74                  addNew(parent, current);
75              }
76              //对当前目录下的文件和文件夹进行排序
77              else if (strcmp(argv[0], "sort") == 0)
78              {
79                  sort(parent);
80              }
81              //创建文件夹
82              else if (strcmp(argv[0], "mkdir") == 0)
83              {
84                  current = (PNode)malloc(sizeof(Node));
85                  checkAllocation(current);
86                  initialize(current);
87                  current -> isFolder = true;
88                  strcpy_s(current -> type, "文件夹");
89                  strcpy_s(current -> name, argv[1]);
90                  addNew(parent, current);
91              }
92              //查看文件夹或文件的信息
93              else if (strcmp(argv[0], "info") == 0)
94              {
95                  current = parent -> firstChild;
96                  while (current != NULL)
97                  {
```

```
98                      if (strcmp(current -> name, argv[1]) == 0)
99                      {
100                         showInfo(current,"more");
101                         break;
102                     }
103                     current = current -> nextSibling;
104                 }
105             if (current == NULL)
106                 printf("当前目录不存在 % s\n", argv[1]);
107         }
108     //修改文件信息
109     else if (strcmp(argv[0], "chinfo") == 0)
110     {
111         current = parent -> firstChild;
112         while (current != NULL)
113         {
114                 if (strcmp(current -> name, argv[1]) == 0)
115                 {
116                     showInfo(current, "more");
117                     modifyInfo(current);
118                     break;
119                 }
120                 current = current -> nextSibling;
121             }
122         if (current == NULL)
123             printf("当前目录不存在 % s\n", argv[1]);
124     }
125     for (int i = 0; i < args; i++)                       //清空命令
126         strcpy_s(argv[i], "");
127     showPath(tree, parent);                              //显示当前路径
128     printf(": ");
129     getArguments(&args, argv);                           //读取下一条指令
130     }
131     return 0;
132 }
```

4. 用户命令说明

用户命令说明见表 4-1。

表 4-1 用户命令

cd	切换工作目录
dir	列出当前目录中的所有文件和文件夹
del xxx	删除文件 xxx
find xxx	查找所有和 xxx 同名的文件和文件夹
mkdir xxx	创建文件夹 xxx
touch xxx	创建文件 xxx
rmdir xxx	删除目录 xxx 及其所有子目录
sort	按时间从早到晚排序当前目录中的所有文件
info xxx	显示名为 xxx 的文件的详细信息
chinfo xxx	修改当前目录名为 xxx 的文件信息

5．测试用例和测试结果

测试用例和测试结果截图如图 4-13 所示。

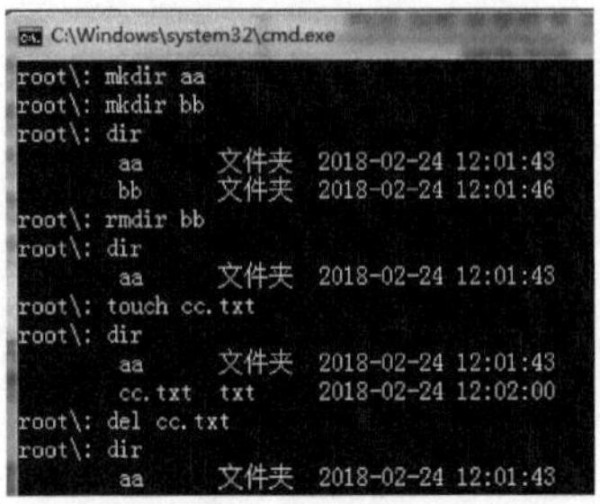

图 4-13　测试截图

四、扩展延伸

（1）设计算法，实现 cp 命令，其功能是复制指定文件到指定目录。

（2）设计算法，实现 mv 命令，其功能是对指定目录进行重命名。

第 5 章

搜索树

5.1 初级实验 1

一、实验目的

掌握二分查找的过程和算法实现。

二、实验内容

（1）实现二分检索算法；

（2）用户输入数据能够判断检索是否成功，如果成功，输出该元素所在位置的信息和比较次数；如果不成功，若查找的元素不存在，输出比较的次数和插入的位置。

三、参考代码

1. 本程序的文件结构

本程序的文件结构如图 5-1 所示，说明如下。

（1）SeqList.h：顺序表头文件，提供了顺序表类型定义和相关接口说明，同第 2 章的初级实验 1。

（2）SeqList.c：顺序表接口的具体实现文件，同第 2 章的初级实验 1。

（3）BinSearch.c：二分检索算法，包括递归和迭代两种方式以及主函数，使用了顺序表，因此需要包含 SeqList.h。

图 5-1　程序的文件结构图

2. 二分检索算法的实现

BinSearch.c：

```
1    # include < stdio. h >
2    # include < stdlib. h >
3    # include "SeqList.h"
4    //函数功能：二分检索算法(迭代)
5    //参数 slist:顺序表
6    //参数 key:要查找的元素
```

```
7      //参数 pos:如果查找的 key 不存在,pos 记录 key 应插入的位置
8      //返回值:如果元素存在,返回其位置; 如果元素不存在,返回 - 1,pos 记录 key 应插入的位置
9      int binsearch(SeqList slist, int key, int * pos)
10     {
11         int index = 1;      //比较次数
12         int mid;
13         int low = 0;
14         int high = slist - > n - 1;
15         while (low < = high)
16         {
17             mid = (low + high) / 2;
18             if (slist - > elem[mid] == key)
19             {
20                 * pos = mid;
21                 printf("找到,共进行 % d 次比较\n", index);
22                 printf("要找的数据 % d 在位置 % d 上\n", key, mid);
23                 return mid;
24             }
25             else if (slist - > elem[mid] > key)
26                         high = mid - 1;
27             else
28                     low = mid + 1;
29             index++ ;
30         }
31         * pos = low;
32         printf("没有找到,共进行 % d 次比较\n", index - 1);
33         printf("可将此数插入到位置 % d 上\n", * pos);
34         return - 1;
35     }
36     //函数功能:二分检索算法(递归)
37     //参数 slist:顺序表
38     //参数 key:要查找的元素
39     //参数 low:查找区间的低端位置
40     //参数 high:查找区间的高端位置
41     //参数 pos:如果查找的 key 不存在,pos 记录 key 应插入的位置
42     //返回值:如果元素存在,返回其位置; 如果元素不存在,返回 - 1,pos 记录 key 应插入的位置
43     int binsearch_recursion(SeqList slist, int key, int low, int high, int * pos)
44     {
45         int mid;
46         if (low < = high)
47         {
48             mid = (low + high)/2;
49             if (slist - > elem[mid] == key){
50                 printf("要找的数据 % d 在位置 % d 上\n", key, mid);
51                 return mid;
52             }
53             if (slist - > elem[mid] > key)
54                 return binsearch_recursion(slist, key, low, mid - 1, & mid);
55             if (slist - > elem[mid] < key)
56              return binsearch_recursion(slist, key, mid + 1, high, & (mid + 1));
57         }
```

```
58          printf("没有找到,可将此数插入到位置%d上\n", *pos);
59          return -1;
60  }
61  int main(void)
62  {
63          SeqList zrx_alist;
64          int max, len, i, x;
65          int temp;
66          int key;
67          int pos;
68          printf("输入顺序表的最大值:");
69          scanf_s("%d", &max);
70          zrx_alist = SetNullList_Seq(max);
71          if (zrx_alist != NULL)
72          {
73              printf("输入顺序表的长度:");
74              scanf_s("%d", &len);
75          }
76          printf("输入顺序表元素:\n");
77          for (i = 0; i < len; i++)
78          {
79              scanf_s("%d", &x);
80              InsertPre_seq(zrx_alist, i, x);
81          }
82          printf("(调用迭代查找算法)请输入要查找的元素:\n");
83          scanf_s("%d", &key);
84          //检索key不存在,则插入到顺序表
85          if (binsearch(zrx_alist, key, &pos) == -1)
86          {
87              InsertPre_seq(zrx_alist, pos, key);
88              printf("插入 %d 后的顺序表是:\n",key);
89              print(zrx_alist);
90          }
91          printf("(调用递归查找算法)请输入要查找的元素:\n");
92          scanf_s("%d", &key);
93          binsearch_recursion(zrx_alist, key,0,zrx_alist->n-1,& pos);
94           return 0;
95  }
```

3. 测试用例和测试结果

测试用例和测试结果截图如图 5-2 所示。

四、扩展延伸

（1）如果有序序列中有多个相同的元素,希望返回优先级高者,即返回序列中靠后的元素,应当如何修改算法。

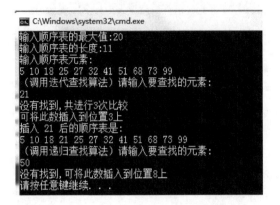

图 5-2　测试截图

（2）给定有序表和 key，查找不小于 key 的最小元素，如果存在，则返回该元素在表中的位置，否则返回−1。

5.2　初级实验 2

一、实验目的

掌握二叉排序树的检索、插入和删除算法。

二、实验内容

（1）实现二叉排序树的检索，若成功，记录检索的位置信息，若不成功，记录父结点的位置信息；

（2）调用检索算法实现插入，并输出插入后的二叉排序树；

（3）实现删除算法，删除后仍然满足二叉排序树的定义，并输出删除后的结果。

三、参考代码

1. 本程序的文件结构

本程序的文件结构如图 5-3 所示，说明如下。

（1）BSTree.h：二叉排序树头文件，提供了二叉排序树类型定义和相关接口说明。

（2）BSTree.c：二叉排序树接口的具体实现文件。

（3）main.c：主程序，对二叉排序树接口进行测试，因此需要包含 BSTree.h。

图 5-3　程序的文件结构图

二叉排序树的构造可以用二叉排序树的递归算法建立，也可以用二叉排序树的插入算法建立。为了看到二叉排序树的插入和删除结果，需要调用二叉排序树的中序遍历算法，二叉排序树的中序遍历算法同样可以利用二叉树的遍历算法，此处不再赘述。

2．二叉排序树的实现

（1）BSTree.h。

```
1    #ifndef BSTree_H
2    #define BSTree_H
3    typedef int DataType;
4    //二叉排序树的结点定义
5    struct BinSearTreeNode
6    {
7        DataType data;                         //数据域
8        struct BinSearTreeNode *leftchild;     //左孩子指针
9        struct BinSearTreeNode *rightchild;    //右孩子指针
10   };
11   //二叉排序树的类型定义
12   typedef struct BinSearTreeNode *BSTreeNode;
13   typedef struct BinSearTreeNode *BinSearTree;
14   //函数功能:创建二叉排序树
15   //输入参数:无
16   //返回值:二叉排序树
17   BinSearTree create();
18   //函数功能:中序遍历二叉排序树
19   //输入参数:二叉排序树
20   //返回值:无
21   void Inorder(BinSearTree ptree);
22   //函数功能:检索二叉排序树
23   //输入参数 bt:二叉排序树的根
24   //输入参数 key:要检索的元素
25   //返回值:成功返回 NULL,失败返回元素插入的父结点位置
26   BSTreeNode BSTSearch(BinSearTree bt, DataType key);
27   //函数功能:在二叉排序树中插入元素 key
28   //输入参数 bt:二叉排序树的根
29   //输入参数 key:要插入的元素
30   //返回值:成功插入返回 1,否则返回 0
31   int BSTInsert(BinSearTree bt, DataType key);
32   //函数功能:删除二叉排序树中的元素 key
33   //输入参数 bt:二叉排序树的根
34   //输入参数 key:要删除的元素
35   //返回值:成功删除返回 1,否则返回 0
36   int BSTDelete1(BinSearTree *bt, DataType key);
37   //函数功能:删除二叉排序树中的元素 key
38   //输入参数 bt:二叉排序树的根
39   //输入参数 key:要删除的元素
40   //返回值:成功删除返回 1,否则返回 0
41   int BSTDelete2(BinSearTree *bt, DataType key);
42   //函数功能:销毁二叉排序树
43   //输入参数 bt:二叉排序树的根
44   //返回值:无
45   void BST_Destory(BinSearTree *bt);
46   #endif
```

（2）BSTree. c。

```
1    # include < stdio. h >
2    # include < stdlib. h >
3    # include "BSTree. h"
4    BinSearTree create( )                                    //创建二叉排序树
5    {
6        BinSearTree bt;
7        DataType key;
8        scanf_s(" % d", &key);
9        if (key == - 1)
10           bt = NULL;
11       else {
12           bt = (BinSearTree)malloc(sizeof(struct BinSearTreeNode));
13           bt -> data = key;
14           bt -> leftchild = create( );
15           bt -> rightchild = create( );
16       }
17       return bt;
18   }
19   void Inorder(BinSearTree ptree)                          //中序遍历二叉排序树
20   {
21       if (ptree == NULL)
22           return;
23       Inorder(ptree -> leftchild);
24       printf(" % d ", ptree -> data);
25       Inorder(ptree -> rightchild);
26   }
27   BSTreeNode BSTSearch(BinSearTree bt, DataType key)    //检索二叉排序树
28   {
29       BSTreeNode p, parent;
30       p = bt; parent = p;
31       while (p)
32       {
33           parent = p;
34           if (p -> data == key) {
35               printf("exist this key\n");
36               return NULL;
37           }
38           if (p -> data > key)
39               p = p -> leftchild;
40           else
41               p = p -> rightchild;
42       }
43       return parent;
44   }
45   int BSTInsert(BinSearTree bt, DataType key)              //插入算法
46   {
47       BSTreeNode p, temp;
48       temp = BSTSearch(bt, key);
49       if (temp == NULL) {
```

```
50            printf("exist this key\n");
51            return 0;
52        }
53        p = (BSTreeNode *)malloc(sizeof(struct BinSearTreeNode));
54        if (p == NULL) {
55            printf("Alloc Failure!\n");
56            return 0;
57        }
58        p -> data = key;
59        p -> leftchild = p -> rightchild = NULL;
60        if (key < temp -> data)
61            temp -> leftchild = p;
62        else
63            temp -> rightchild = p;
64        return 1;
65    }
66    int BSTDelete1(BinSearTree * bt, DataType key)        //第一种删除算法
67    {
68        //parent 记录 p 的父结点, maxpl 记录 p 的左子树中的关键码最大结点
69        BSTreeNode parent, p, maxpl;
70        p = * bt;
71        parent = NULL;
72        while (p != NULL)                                //查找被删除的结点
73        {
74            if (p -> data == key) break; //如果查找到了,跳出循环
75            parent = p;
76            if (p -> data > key)
77                p = p -> leftchild;
78            else
79                p = p -> rightchild;
80        }//end while (p != NULL)
81        if (p == NULL) {
82            printf(" not exist!\n");
83            return 0;
84        }
85        if (p -> leftchild == NULL)                       //没有左子树的情况
86        {
87            if (parent == NULL)                           //删除的是根结点,这里需要特别注意
88                * bt = p -> rightchild;
89            else if (parent -> leftchild == p)
90            //p 是父结点 parent 的左孩子,则修改父结点的左指针
91                parent -> leftchild = p -> rightchild;
92            else
93            //p 是父结点 parent 的右孩子,则修改父结点的右指针
94                parent -> rightchild = p -> rightchild;
95        }
96        if (p -> leftchild != NULL)                       //有左子树
97        {
98            maxpl = p -> leftchild;
99            while (maxpl -> rightchild != NULL)           //定位左子树中的最大结点 maxpl
100               maxpl = maxpl -> rightchild;
```

```
101          maxpl -> rightchild = p -> rightchild;
102          if (parent == NULL)                        //删除的是根结点,这里需要特别注意
103              * bt = p -> leftchild;
104          else if (parent -> leftchild == p)
105              //p 是父结点 parent 的左孩子,则修改父结点的左指针
106              parent -> leftchild = p -> leftchild;
107          else
108              parent -> rightchild = p -> leftchild;
109          //p 是父结点 parent 的右孩子,则修改父结点的右指针
110      }
111      free(p);                                        //释放结点 p
112      return 1;
113  }
114  int BSTDelete2(BinSearTree * bt, DataType key)      //第二种删除算法
115  {
116      BSTreeNode parent, p, maxpl;
117      p = * bt;
118      parent = NULL;
119      while (p != NULL)                               //查找被删除的结点
120      {
121          if (p -> data == key) break;                //如果查找到了,跳出循环
122          parent = p;
123          if (p -> data > key)
124              p = p -> leftchild;
125          else
126              p = p -> rightchild;
127      }
128      if (p == NULL)
129      {
130          printf(" not exist\n"); return 0;
131      }
132      if (p -> leftchild == NULL)                     //没有左子树的情况
133      {
134          if (parent == NULL)
135              * bt = p -> rightchild;
136          else if (parent -> leftchild == p)
137              parent -> leftchild = p -> rightchild;
138          else
139              parent -> rightchild = p -> rightchild;
140      }
141      if (p -> leftchild != NULL)                     //有左子树的情况
142      {
143          BSTreeNode parentp;                         //parentp 记录 maxpl 的父结点
144          parentp = p;
145          maxpl = p -> leftchild;
146          while (maxpl -> rightchild != NULL)          //定位 p 的左子树中的最大结点 maxpl
147          {
148              parentp = maxpl;
```

```
149              maxpl = maxpl -> rightchild;
150          }
151          p -> data = maxpl -> data;                    //修改 p 的数据域为 maxpl 的数据域
152          if (parentp == p)                             //如果 maxpl 的父结点是 p 自身
153              p -> leftchild = maxpl -> leftchild;      //修改 p 结点的左指针
154          else
155              parentp -> rightchild = maxpl -> leftchild;    //修改父结点的右指针
156          p = maxpl;                                    //更新 p 指针为 maxpl 结点以便删除
157      }
158      free(p);
159      return 1;
160  }
```

3. main.c

```
1    # include < stdio. h >
2    # include < stdlib. h >
3    # include "BSTree.h"
4    int main(void)
5    {
6        BinSearTree bt; int n;
7        printf("输入二叉排序树的先序序列:\n");
8        bt = create();
9        printf("输入要查找的元素,存在返回 1,不存在返回 0,插入:");
10       scanf("%d",&n);
11       printf("%d\n", BSTSearch(bt, n));
12       printf("输入要插入的元素,成功插入返回 1,否则返回 0:");
13       scanf("%d", &n);
14       printf("%d\n", BSTInsert(bt, n));
15       printf("二叉排序树的中序遍历序列:\n");
16       Inorder(bt);
17       printf("\n 第一种删除方法,输入要删除的元素,成功返回 1,不成功返回 0:");
18       scanf("%d", &n);
19       printf("%d\n",BSTDelete1(&bt, n));
20       printf("二叉排序树的中序遍历序列:\n");
21       Inorder(bt);
22       printf("\n 第二种删除方法,输入要删除的元素,成功返回 1,不成功返回 0:");
23       scanf("%d", &n);
24       printf("%x\n", BSTDelete2(&bt, n));
25       printf("二叉排序树的中序遍历序列:\n");
26       Inorder(bt);
27       return 0;
28   }
```

4. 测试用例和测试结果

测试用例和测试结果截图如图 5-4 所示。

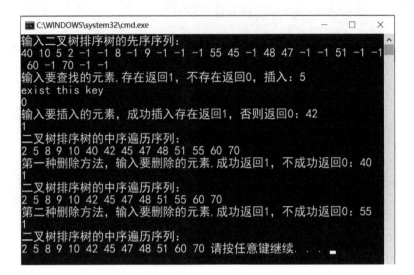

图 5-4　测试截图

四、扩展延伸

（1）在上述程序结构中未给出销毁二叉排序树的算法，请编程实现该操作。

void BST_Destory (BinSearTree ∗ bt)

（2）在上述程序框架下计算二叉排序树的平均检索长度，并返回该值。

int BSTS_ASL(BinSearTree ∗ bt)

（3）在上述程序框架下以递归方法检索某元素是否存在，若存在返回 1，否则返回 0。

int BSTS_Recur(BinSearTree ∗ bt, DataType key)

5.3　中级实验

一、实验目的

掌握平衡二叉排序树 AVL 的检索、插入和删除算法。

二、实验内容

（1）实现平衡二叉排序树 AVL 的检索，若成功，记录检索的位置信息，若不成功，记录父结点的位置信息；

（2）调用检索算法实现插入，并输出插入后的平衡二叉排序树 AVL；

（3）实现删除算法，删除后仍然满足平衡二叉排序树 AVL 的定义，并输出删除后的结果。

三、参考代码

1. 本程序的文件结构

本程序的文件结构如图 5-5 所示,说明如下。

（1）AVL.h：平衡二叉排序树头文件,提供了平衡二叉排序树类型定义和相关接口说明。

（2）AVL.c：平衡二叉排序树接口的具体实现文件。

（3）main.c：主程序,对平衡二叉排序树接口进行测试,因此需要包含 AVL.h。

图 5-5　程序的文件结构图

2. 二叉排序树的实现

（1）AVL.h。

```
1    #ifndef AVL_H
2    #define AVL_H
3    typedef int Status;
4    typedef int DataType;
5    #define TRUE 1
6    #define FALSE 0
7    //平衡二叉排序树的结点定义
8    struct AVLTreeNode
9    {
10       DataType data;
11       int bf;
12       struct AVLTreeNode * leftchild;        //左孩子指针
13       struct AVLTreeNode * rightchild;       //右孩子指针
14   };
15   //平衡二叉排序树的类型定义
16   typedef struct AVLTreeNode * AVLNode;
17   typedef struct AVLTreeNode * AVLTree;
18   typedef AVLTree * PAVLTree;
19   //函数功能:计算 AVL 树的深度
20   //输入参数:AVL 树
21   //返回值:AVL 树的深度
22   int AVLDepth(AVLNode bt);
23   //函数功能:中序遍历 AVL 树
24   //输入参数:AVL 树
25   //返回值:无
26   void Inorder(AVLNode bt);
27   //函数功能:检索 AVL 树
28   //输入参数 bt:AVL 树
29   //输入参数 key:要检索的元素
30   //返回值:成功返回 1,否则返回 0
31   Status searchAVL(AVLNode bt, DataType key);
32   //函数功能:销毁 AVL 树
33   //输入参数:AVL 树
34   //返回值:无
```

```
35    void destroyAVL(PAVLTree bt);
36    //函数功能:左旋 AVL 树
37    //输入参数:AVL 树
38    //返回值:无
39    void leftRotate(AVLNode * bt);
40    //函数功能:右旋 AVL 树
41    //输入参数:AVL 树
42    //返回值:无
43    void rightRotate(AVLNode * bt);
44    //函数功能:左平衡处理 AVL 树
45    //输入参数:AVL 树
46    //返回值:无
47    void leftBalance(AVLNode * bt);
48    //函数功能:左平衡处理 AVL 树
49    //输入参数:AVL 树
50    //返回值:无
51    void rightBalance(AVLNode * bt);
52    //函数功能:在 AVL 树中插入元素
53    //输入参数 bt:AVL 树
54    //输入参数 key:要插入的元素
55    //输入参数 more:层数是否增加
56    //返回值:成功返回 1,否则返回 0
57    Status insertAVL(AVLNode * bt, DataType key, Status * more);
58    //函数功能:从 AVL 树中删除元素
59    //输入参数 bt:AVL 树
60    //输入参数 key:要删除的元素
61    //输入参数 less:层数是否减少
62    //返回值:成功返回 1,否则返回 0
63    Status deleteAVL(AVLNode * bt, DataType key, Status * less);
64    #endif
```

(2) AVL.c。

```
1     # include < stdio.h >
2     # include < stdlib.h >
3     # include "AVL.h"
4     int AVLDepth(AVLNode bt)                          //计算二叉树的深度
5     {
6         if (bt == NULL)
7             return 0;
8         int left = 1;
9         int right = 1;
10        left += AVLDepth(bt -> leftchild);
11        right += AVLDepth(bt -> rightchild);
12        return left > right ? left :right;
13    }
14    void Inorder(AVLNode bt)                          //中序遍历
15    {
16        if (bt == NULL) return;
17        Inorder(bt -> leftchild);
18        printf(" % d ", bt -> data);
```

```
19          Inorder(bt->rightchild);
20      }
21      int searchAVL(AVLNode bt, DataType data)            //查找 data
22      {
23          if (!bt)
24              return FALSE;
25          if (bt->data == data)
26              return TRUE;
27          else if (data < bt->data)
28              return searchAVL(bt->leftchild, data);
29          else
30              return searchAVL(bt->rightchild, data);
31      }
32      void destroyAVL(PAVLTree bt)                        //销毁 AVL
33      {
34          AVLNode p = * bt;
35          if (p == NULL)
36              return;
37          destroyAVL(&(p->leftchild));
38          destroyAVL(&(p->rightchild));
39          * bt = NULL;
40      }
41      void leftRotate(AVLNode * bt)                       //左旋
42      {
43          AVLNode p = * bt;
44          AVLNode rc = ( * bt)->rightchild;
45          ( * bt)->rightchild = rc->leftchild;
46          rc->leftchild = ( * bt);
47          ( * bt) = rc;
48      }
49      void rightRotate(AVLNode * bt)                      //右旋
50      {
51          AVLNode lc = ( * bt)->leftchild;
52          ( * bt)->leftchild = lc->rightchild;
53          lc->rightchild = ( * bt);
54          ( * bt) = lc;
55      }
56      void leftBalance(AVLNode * bt)                      //对树 bt 的左平衡处理
57      {
58          AVLNode lc = ( * bt)->leftchild;               //lc 指向 bt 的左孩子
59          AVLNode lc_rc;
60          switch (lc->bf)
61          {
62          case 0:
63              ( * bt)->bf = 1; lc->bf = 0; rightRotate(bt);
64              break;
65              //LL 型，进行右旋操作
66          case 1:
67              ( * bt)->bf = 0; lc->bf = 0; rightRotate(bt);
68              break;
69              //LR 型，进行左旋操作，再右旋操作
```

```
70        case - 1:
71            lc_rc = lc -> rightchild;
72            switch (lc_rc -> bf)                              //修改 bt 及其左孩子的平衡因子
73            {
74            case 1:( * bt) -> bf =-1; lc -> bf = 0; break;
75            case 0:( * bt) -> bf = 0; lc -> bf = 0; break;
76            case - 1:( * bt) -> bf = 0; lc -> bf = 1; break;
77            }
78            lc_rc -> bf = 0;
79            leftRotate(&(( * bt) -> leftchild));
80            rightRotate(bt);
81            break;
82        }//end switch(lc -> bf)
83  }
84  void rightBalance(AVLNode * bt)                            //对树 bt 的右平衡处理
85  {
86        AVLNode rc = ( * bt) -> rightchild;
87        AVLNode rc_lc;
88        switch (rc -> bf)
89        {
90            //特殊情况,在删除的时候要考虑 0,否则会出现删除结点不平衡的情况
91        case 0:
92            ( * bt) -> bf =-1; rc -> bf = 0; leftRotate(bt);
93            break;
94            //RR 型, 进行左旋操作
95        case - 1:
96            ( * bt) -> bf = 0; rc -> bf = 0; leftRotate(bt);
97            break;
98            //RL 型, 进行右旋操作,再左旋操作
99        case 1:
100           rc_lc = rc -> leftchild;
101           switch (rc_lc -> bf)
102           {
103           case 1: ( * bt) -> bf = 0; rc -> bf =- 1; break;
104           case 0: ( * bt) -> bf = 0; rc -> bf = 0; break;
105           case - 1: ( * bt) -> bf = 1; rc -> bf = 0; break;
106           }
107           rc_lc -> bf = 0;
108           rightRotate(&(( * bt) -> rightchild));
109           leftRotate(bt);
110           break;
111       }//end switch(rc -> bf)
112 }
113 int insertAVL(AVLNode * bt, DataType data, Status * more)   //插入
114 {
115       if ( * bt == NULL)                                    //bt 为空, 树长高
116       {
117           * bt = (AVLNode)malloc(sizeof(struct AVLTreeNode));
118           ( * bt) -> rightchild = ( * bt) -> leftchild = NULL;
119           ( * bt) -> data = data;
120           ( * bt) -> bf = 0;
```

```
121          * more = TRUE;
122      }
123  else
124  {
125      //树中已存在和 data 相等的结点
126      if (data == ( * bt) -> data)
127      {
128          * more = FALSE; return 0;                //未插入
129      }
130      //插入左子树
131      else if (data < ( * bt) -> data)
132      {
133          //下面两种方法都可以
134          //insertAVL(&(( * bt) -> leftchild), data, more);  //递归循环
135          //if (FALSE == * more) return 0;          //未插入
136          if (insertAVL(&(( * bt) -> leftchild), data, more) == 0)
137              return 0;                            //递归循环,递归出口
138          if (TRUE == * more)
139          {
140              switch (( * bt) -> bf)                //检查 bt 的平衡因子
141              {
142              case 1:                              //原左高，左平衡
143                  leftBalance(bt); * more = FALSE; break;
144              case 0:                              //原等高，左变高
145                  ( * bt) -> bf = 1; * more = TRUE; break;
146              case - 1:                            //原右高，变等高
147                  ( * bt) -> bf = 0; * more = FALSE; break;
148              }
149          }//end if(TRUE == * more)
150      }
151      //插入右子树
152      else
153      {
154          //下面两种方法都可以
155          //insertAVL(&(( * bt) -> rightchild), data, more);
156          //if (FALSE == * more ) return 0;        //未插入
157          if (insertAVL(&(( * bt) -> rightchild), data, more) == 0)
158              return 0;                            //递归循环
159          if (TRUE == * more)
160          {
161              switch (( * bt) -> bf)
162              {
163              case 1:                              //原左高，变等高
164                  ( * bt) -> bf = 0; * more = FALSE; break;
165              case 0:                              //原等高，变右高
166                  ( * bt) -> bf = -1; * more = TRUE; break;
167              case - 1:                            //原右高，右平衡
168                  rightBalance(bt); * more = FALSE; break;
169              }
170          }//end if(TRUE == * more)
171      }//end else(152 行)
```

```
172        }//end else(123 行)
173        return 1;
174    }
175    int deleteAVL(AVLNode * bt, DataType data, Status * less)    //删除
176    {
177        AVLNode q = NULL;
178        if (( * bt) == NULL)                              //空树
179        {
180            * less = FALSE; return 0;
181        }
182        else if (data == ( * bt) -> data)                 //相等
183        {
184            if (( * bt) -> leftchild == NULL)             //左子树为空，接右子树
185            {
186                ( * bt) = ( * bt) -> rightchild; * less = TRUE;
187            }
188            else if (( * bt) -> rightchild == NULL)       //右子树为空，接左子树
189            {
190                ( * bt) = ( * bt) -> leftchild; * less = TRUE;
191            }
192            else                              //左、右子树均不为空，则用其左子树的最大值取代
193            {
194                q = ( * bt) -> leftchild;
195                while (q-> rightchild!= NULL) q = q-> rightchild;
196                ( * bt) -> data = q-> data;
197                //递归删除左孩子
198                if (deleteAVL(&(( * bt) -> leftchild),q-> data, less) == 0)
199                    return 0;
200                if (TRUE ==* less)
201                {
202                    switch (( * bt) -> bf)
203                    {
204                    case 1:
205                        ( * bt) -> bf = 0; * less = TRUE; break;
206                    case 0:
207                        ( * bt) -> bf = AVLDepth(( * bt) -> leftchild) -
208                        AVLDepth(( * bt) -> rightchild);
209                         * less = FALSE; break;
210                    case - 1:
211                        rightBalance(bt);
212                        if (( * bt) -> rightchild -> bf == 0)
213                            * less = FALSE;
214                        else
215                            * less = TRUE;
216                        break;
217                    }
218                } //end if (TRUE ==* less)(200 行)
219            }//end else(192 行)
220        }//end if (data == ( * bt) -> data)(182 行)
221        else if (data < ( * bt) -> data)                  //在左子树中继续查找
222        {
```

```
223              //递归删除左孩子
224              if (deleteAVL(&(( * bt) -> leftchild), data, less) == 0) return 0;
225              if (TRUE == * less)
226              {
227                  switch (( * bt) -> bf)
228                  {
229                  case 1:
230                      ( * bt) -> bf = 0; * less = TRUE; break;
231                  case 0:
232                      ( * bt) -> bf = -1; * less = FALSE; break;
233                  case -1:
234                      rightBalance(bt);
235                      if (( * bt) -> rightchild -> bf == 0)
236                          * less = FALSE;
237                      else
238                          * less = TRUE;
239                      break;
240                  }
241              }//end if (TRUE == * less)(227 行)
242          }//end else if (data < ( * bt) -> data)(221 行)
243          else                                        //在右子树中继续查找
244          {
245              //递归删除右孩子
246              if(deleteAVL(&(( * bt) -> rightchild), data, less) == 0) return 0;
247              if (TRUE == * less)
248              {
249                  switch (( * bt) -> bf)
250                  {
251                  case 1:
252                      leftBalance(bt);
253                      if (( * bt) -> leftchild -> bf == 0)
254                          * less = FALSE;
255                      else
256                          * less = TRUE;
257                      break;
258                  case 0:
259                      ( * bt) -> bf = 1; * less = FALSE; break;
260                  case -1:
261                      ( * bt) -> bf = 0; * less = TRUE; break;
262                  }
263              }//end if (TRUE == * less)(251 行)
264          }//end else(245 行)
265      return 1;
266 }
```

3. main.c

```
1   # include < stdio.h>
2   # include < stdlib.h>
3   # include "AVL.h"
```

```
4    void menu()                                              //菜单
5    {
6        printf("\n");
7        printf(" ********************* 主菜单 ********************* \n");
8        printf(" 1:连续插入数据          ");
9        printf(" 2:查找数据              ");
10       printf(" 3:删除特定数据\n");
11       printf(" 4:中序遍历输出          ");
12       printf(" 5:销毁当前 AVL          ");
13       printf(" 6:结束程序\n");
14       printf(" *************************************************** ");
15   }
16   int main(void)
17   {
18       int num, temp;
19       DataType data;
20       AVLNode p = NULL;
21       Status taller = FALSE, shorter = FALSE;
22       system("mode con:cols = 55 lines = 20");
23       menu();
24       while (1)
25       {
26           scanf_s(" % d", &num);
27           getchar();
28           switch (num)
29           {
30           case 1:
31               printf("\t\t 请插入数据，输入 - 1 结束插入\n");
32               while (scanf_s(" % d", &data))
33               {
34                   if (data ==- 1)
35                       break;
36                   else
37                   {
38                       if (insertAVL(&p, data, &taller))
39                           printf(" % d 插入成功;", data);
40                       else
41                           printf("\n % d 插入失败;\n", data);
42                   }
43               }
44               menu();
45               getchar();
46               break;
47           case 2:
48               printf("\n\t\t 请输入要查询的数:");
49               scanf_s(" % d", &data);
50               if (searchAVL(p, data) == FALSE)
51               {
52                   printf("\t\t 查找失败  % d!\n", data);
53               }
54               else
```

```
55              {
56                  printf("\t\t 查找成功 % d!\n", data);
57              }
58          menu();
59          getchar();
60          break;
61      case 3:
62          printf("\n\t\t 请输入要删除的数据:");
63          scanf_s(" % d", &data);
64          if (deleteAVL(&p, data, &shorter))
65              printf("\n\t\t 删除成功");
66          else
67              printf("\n\t\t 删除失败");
68          menu();
69          getchar();
70          break;
71      case 4:
72          printf("中序遍历输出:");
73          Inorder(p);
74          menu();
75          break;
76      case 5:
77          printf("是否摧毁整个树?(1.yes   2.no)");
78          scanf_s(" % d", &temp);
79          getchar();
80          system("cls");
81          switch (temp)
82          {
83          case 1:
84              destroyAVL(&p);
85              printf("\n\t\t\t 删除成功\n\n");
86              menu();
87              break;
88          }
89          break;
90      case 6:
91          exit(0);
92          break;
93      default:
94          menu();
95          break;
96      }
97  }
98      return 0;
99  }
```

4. 测试用例和测试结果

测试用例和测试结果截图如图 5-6 所示。

图 5-6　测试截图

四、扩展延伸

（1）在本实验算法中添加输出平衡二叉排序树的算法，要求输出层次结构的树形形状。

（2）假设一棵平衡二叉排序树的每个结点都标明了平衡因子，设计一个非递归算法，利用平衡因子求平衡二叉排序树的高度。

5.4　高级实验

一、实验目的

（1）掌握使用启发式路径搜索算法（A＊算法）求迷宫路径；

（2）掌握 STL 中的关联容器 multiset 的使用方法，multiset 关联容器底层采用红黑树实现。红黑树采用链式存储，解决了传统 A＊算法 Open 表占用连续存储空间导致插入、删除复杂度高的缺点。

二、实验内容

（1）要求从文件中读入图 5-7 所示的迷宫地图，其中－1 表示墙，1 表示空地权值，即通过时需要的代价最小，其他（2～9）权值表示走过需要的代价。

```
-1  -1  -1  -1  -1  -1  -1  -1  -1  -1
-1   2   1   1   1   1   1   5   1  -1
-1   1   9   9   9   1   1  -1   1  -1
-1   1   1   1   1   1   1  -1   1  -1
-1   1  -1  -1  -1  -1  -1  -1   1  -1
-1   1   9   9   9   1   1   1   1  -1
-1   1   1   1   1   1   1   1   1  -1
-1   1   1   1   1   1   1   1   1  -1
-1   1   1   1   1   1   1   1   2  -1
-1  -1  -1  -1  -1  -1  -1  -1  -1  -1
```

图 5-7　迷宫地图

（2）使用 STL 中的 multiset 数据结构采用 A＊算法求从入口到出口的最小代价路径。

（3）在迷宫地图中标识最小代价路径。

三、参考代码

1．本程序的文件结构

本程序的文件结构如图 5-8 所示，说明如下。

（1）amazeutil.h：迷宫头文件，定义了迷宫的接口。

（2）amazeutil.cpp：迷宫问题的辅助接口实现。

（3）amaze.cpp：寻找迷宫路径算法，核心文件。

（4）main.cpp：主程序，测试迷宫算法，需要包含迷宫头文件 amazeutil.h。

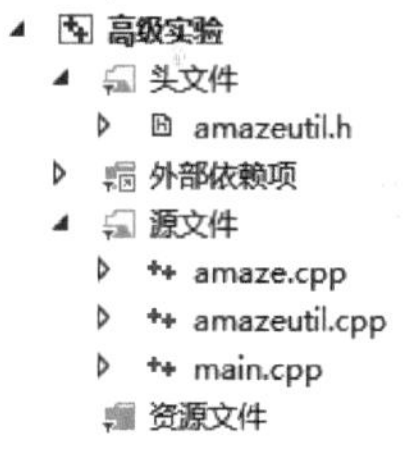

图 5-8　程序的文件结构图

2．迷宫的实现

（1）amazeutil.h。

```
1   #ifndef AMAZEUTIL_H
2   #define AMAZEUTIL_H
3   #include <stdio.h>
4   #include <stdlib.h>
5   #include <stdbool.h>
6   #include <Windows.h>
7   #include <stack>
8   #define WIDTH 10
9   #define HEIGHT 10
10  using namespace std;
11  typedef int DataType;
12  struct Node {
```

```
13      DataType x;
14      DataType y;
15      float hcost;                                    //距终点的距离
16      float gcost;                                    //距起点的距离
17      float scost;                                    //走当前格需要耗费的体力
18      float fcost;                                    //fcost = gcost + hcost;
19      struct Node * parent;
20    };
21    typedef struct Node Node;
22    typedef Node * PNode;
23    //函数功能:代价比较
24    //函数参数 left:代价
25    //函数参数 right:代价
26    //返回值:前者大于后者返回1,否则返回0
27    struct compare
28    {
29        bool operator()(const PNode& left, const PNode& right)
30        {
31            return left -> fcost < right -> fcost;
32        }
33    };
34    //函数功能:从文件读取迷宫地图
35    //函数参数:fp 为文件指针, map 为二维数组
36    //返回值:操作成功返回1
37    int getMaze(FILE * fp, DataType map[][WIDTH]);
38    //函数功能:从键盘读入起点坐标
39    //函数参数:无
40    //返回值:存有起点坐标的结构体
41    PNode getStart();
42    //函数功能:从键盘读入终点坐标
43    //函数参数:无
44    //返回值:存有终点坐标的结构体
45    PNode getDestination();
46    //函数功能:将路径应用在迷宫地图上
47    //函数参数:dest 为存有终点坐标的结构体, maze 存有地图
48    //返回值:路径移动的步数
49    int applyPath(PNode dest, DataType maze[][WIDTH]);
50    //函数功能:将完成后的迷宫打印在屏幕上
51    //函数参数:maze 为存有迷宫地图的二维数组
52    //返回值:无
53    void printMaze(DataType maze[][WIDTH]);
54    //函数功能:在迷宫中找到一条从起点到终点的通路
55    //函数参数:maze 存有地图,start 为起点,dset 为终点
56    //返回值:找到通路返回0,否则返回1
57    int amaze(DataType maze[][WIDTH], PNode start, PNode dest);
58    # endif
```

(2) amazeutil.cpp。

```
1    # include < set >
2    # include < math. h >
```

```
3    # include "amazeutil.h"
4    using namespace std;
5    int getMaze(FILE * fp, DataType map[][WIDTH])        //从文件读取迷宫地图
6    {
7        int i, j;
8        for (i = 0; i < HEIGHT; i++)
9        {
10           for (j = 0; j < WIDTH; j++)
11           {
12               fscanf(fp, " % d ", &map[i][j]);
13           }
14           fscanf(fp, "\n");
15       }
16       return 1;
17   }
18   PNode getStart()                                     //从键盘读入起点坐标
19   {
20       PNode start;
21       start = (PNode)malloc(sizeof(struct Node));
22       printf("Please input the location of start(row column):\n");
23       scanf_s(" % d % d", &start -> y, &start -> x);
24       return start;
25   }
26   PNode getDestination()                               //从键盘读入终点坐标
27   {
28       PNode dest;
29       dest = (PNode)malloc(sizeof(struct Node));
30       printf("Please input the location of destination(row column):\n");
31       scanf_s(" % d % d", &dest -> y, &dest -> x);
32       return dest;
33   }
34   int applyPath(PNode dest, DataType maze[][WIDTH])     //将路径应用在迷宫地图上
35   {
36       PNode current;
37       current = dest;
38       int cost = 0;
39       while (current!= NULL)
40       {
41           cost += current -> scost;
42           maze[current -> y][current -> x] =- 2;        //将路径经过的坐标设为特殊值 - 2
43           current = current -> parent;
44       }
45       return cost;
46   }
47   void printMaze(DataType maze[][WIDTH])                //将完成后的迷宫打印在屏幕上
48   {
49       int i, j;
50       SetConsoleOutputCP(437);
51       for (i = 0; i < HEIGHT; i++)
52       {
53           for (j = 0; j < WIDTH; j++)
54           {
55               if (maze[i][j] ==- 1)
56                   printf(" % d", maze[i][j]);            //打印障碍
```

```
57              else if (maze[i][j] ==-2)
58                  printf(" %2c", '*');                    //走过的路径打印标记
59              else
60                  printf(" %d", maze[i][j]);              //打印权值代价
61          }
62          printf("\n");
63      }
64  }
```

(3) amaze.cpp。

```
1   #include <stack>
2   #include <set>
3   #include <math.h>
4   #include "amazeutil.h"
5   using namespace std;
6   //在迷宫中找到一条从起点到终点的通路
7   int amaze(DataType maze[][WIDTH], PNode start, PNode dest)
8   {
9       PNode surdn, current;                              //surdn == surrounding
10      multiset <PNode, compare> open;
11      multiset <PNode, compare>::iterator it;
12      int direction[8][2] = { { 0, 1 }, { 1, 1 }, { 1, 0 }, { 1, -1 },
13                              { 0, -1 }, { -1, -1 }, { -1, 0 }, { -1, 1 } };
14      bool closed[HEIGHT][WIDTH] = { false };
15      int cost;
16      //初始化起点
17      current = (PNode)malloc(sizeof(Node));
18      current->x = start->x;
19      current->y = start->y;
20      current->gcost = 0;
21      current->scost = maze[current->y][current->x];
22      current->parent = NULL;
23      closed[current->y][current->x] = true;
24      for (int i = 0; i < 8; i++)
25      {
26          surdn = (PNode)malloc(sizeof(Node));
27          surdn->parent = current;
28          surdn->x = current->x + direction[i][0];
29          surdn->y = current->y + direction[i][1];
30          surdn->scost = maze[surdn->y][surdn->x];
31          if (maze[surdn->y][surdn->x]!=-1)
32          {
33              //计算下一步走当前格需要消耗的体力
34              if (i > 3)                    //direction 数组中的后 4 项存放的是对角线方向
35                  surdn->scost = surdn->scost * 1.4;
36              else
37                  surdn->scost = surdn->scost * 1;
38              surdn->gcost = current->gcost + surdn->scost;
39              surdn->hcost = sqrt(pow(surdn->x - dest->x, 2)
40                  + pow(surdn->y - dest->y, 2));
41              surdn->fcost = surdn->gcost + surdn->hcost;
42              //插入 multiset
43              open.insert(surdn);
```

```
44          }//end if(maze[surdn->y][surdn->x]!=-1)
45          else
46              free(surdn);
47      }//end for(int i=0;i<8;i++)
48      while (!open.empty())
49      {
50          current=*open.begin();
51          closed[current->y][current->x]=true;
52          open.erase(open.begin());
53          for (int i=0; i<8; i++)
54          {
55              surdn=(PNode)malloc(sizeof(Node));
56              surdn->parent=current;
57              surdn->x=current->x+direction[i][0];
58              surdn->y=current->y+direction[i][1];
59              surdn->scost=maze[surdn->y][surdn->x];
60              //判断是否到达终点
61              if (surdn->x==dest->x && surdn->y==dest->y)
62              {
63                  cost=applyPath(surdn, maze);
64                  printf("Total cost: %d\n", cost);
65                  return 0;
66              }
67              //判断是否已走过
68              if (closed[surdn->y][surdn->x])
69              {
70                  free(surdn);
71                  continue;
72              }
73              //判断是否为墙壁
74              if (maze[surdn->y][surdn->x]!=-1)
75              {
76                  //计算消耗
77                  if (i>3)                    //direction 数组中的后4项存放的是对角线方向
78                  {
79                      surdn->scost=surdn->scost*1.4;
80                  }
81                  else
82                  {
83                      surdn->scost=surdn->scost*1;
84                  }
85                  surdn->gcost=current->gcost+surdn->scost;
86                  surdn->hcost=sqrt(pow(surdn->x - dest->x, 2)
87                                    + pow(surdn->y - dest->y, 2));
88                  surdn->fcost=surdn->gcost + surdn->hcost;
89                  open.insert(surdn);
90              }
91              else
92              {
93                  free(surdn);
94              }
95          }
96      }
97      printf("No path found!\n");
```

```
98      return 1;
99  }
```

3. main.c

```
1   # include "amazeutil.h"
2   int main(void)
3   {
4       PNode start, dest;
5       DataType maze[HEIGHT][WIDTH];
6       FILE * fp;
7       //地图文件存于根目录
8       //更改地图后需要修改 amazeutil.h 中的 HEIGHT 和 WIDTH 为地图数据的行数和列数
9       //在地图中墙壁为－1,空地权值为1,其他地方权值可变,建议权值为1~9
10      fopen_s(&fp, "maze.txt", "r");
11      getMaze(fp, maze);
12      fclose(fp);
13      printf("The maze :\n");
14      printMaze(maze);
15      start = getStart();
16      dest = getDestination();
17      amaze(maze, start, dest);
18      printMaze(maze);
19      return 0;
20  }
```

4. 测试用例和测试结果

测试用例和测试结果截图如图 5-9 所示。

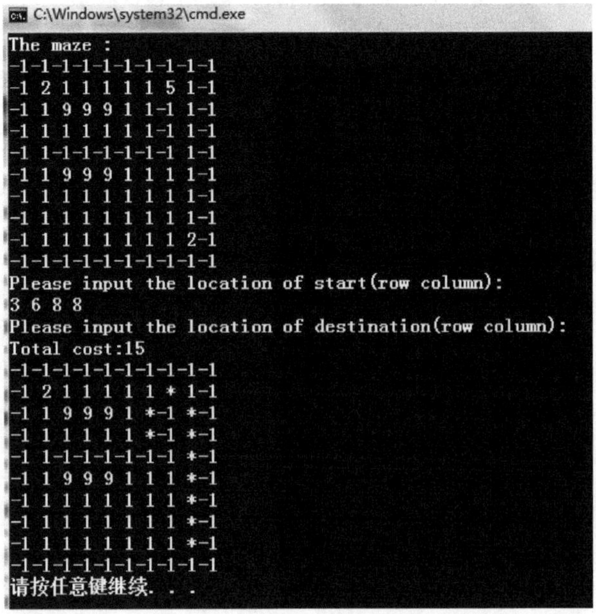

图 5-9　测试截图

四、扩展延伸

（1）分析算法的空间复杂度。

（2）分别随机生成 10×10、50×50 和 100×100 的迷宫，记录行走的步数、消耗的时间和扩展的空间结点。（提示：可以利用 Cocos2d-x 实现地图生成器。）

（3）将行走的代价权值都设置为1，与第3章的中级实验1进行对比，比较方面包括搜索的路径、行走的步数、消耗的时间和扩展的结点。

第6章

图

6.1 初级实验1

一、实验目的

掌握用邻接矩阵表示的图的周游算法。

二、实验内容

实现图的广度优先遍历和深度优先遍历算法,要求如下。
(1) 使用邻接矩阵表示图;
(2) 从键盘输入图的结构;
(3) 输出图的结构;
(4) 实现图的广度优先遍历,输出结果;
(5) 实现图的深度优先遍历,输出结果。

三、参考代码

1. 本程序的文件结构

本程序的文件结构如图 6-1 所示,说明如下。

(1) LinkQueue.c 与 LinkQueue.h:共同实现了队列,具体代码参考前面的章节。

(2) graphmatrixutil.c 与 graphmatrixutil.h:实现的是图的邻接矩阵结构以及有关邻接矩阵处理图的一些辅助函数。

(3) bfs_graphmatrix.c 与 bfs_graphmatrix.h:图的广度优先搜索,其中会用到队列,因此需要包含 LinkQueue.h,其中还需要用到图的邻接矩阵结构和图的一些辅助函数,因此需要包含 graphmatrixutil.h。

(4) dfs_graphmatrix.c 与 dfs_graphmatrix.h:图的深度优先搜索,其中需要用到图的邻接矩阵结构和辅助函数,因此需要包含 graphmatrixutil.h。

```
▲ 🖾 初级实验1
  ▲ 📁 头文件
      ▷ 🖹 bfs_graphmatrix.h
      ▷ 🖹 dfs_graphmatrix.h
      ▷ 🖹 graphmatrixutil.h
      ▷ 🖹 LinkQueue.h
  ▷ 📁 外部依赖项
  ▲ 📁 源文件
      ▷ +c bfs_graphmatrix.c
      ▷ +c dfs_graphmatrix.c
      ▷ +c graphmatrixutil.c
      ▷ +c LinkQueue.c
      ▷ +c main.c
      📁 资源文件
```

图 6-1 程序的文件结构图

（5）main.c：在该文件中写了主函数，调用图的深度优先遍历函数和广度优先遍历函数，因此需要包含 dfs_graphmatrix.h 和 bfs_graphmatrix.h。

2. 图的邻接矩阵以及辅助函数

（1）graphmatrixutil.h。

```
1   # ifndef GRAPHMATRIXUTIL_H_
2   # define GRAPHMATRIXUTIL_H_
3   //图的邻接矩阵表示
4   typedef struct   GRAPHMATRIX_STRU
5   {
6       int size;                        //图中结点的个数
7       int ** graph;                    //二维数组保存图
8   }GraphMatrix;
9   //函数功能:初始化图
10  //输入参数 num:图中结点的个数
11  //返回值:用邻接矩阵表示的图
12  GraphMatrix * InitGraph(int num);
13  //函数功能:将数据读入图中
14  //输入参数 graphMatrix:图
15  void ReadGraph(GraphMatrix * graphMatrix);
16  //函数功能:将图的结构显示出来
17  //输入参数 graphMatrix:图
18  void WriteGraph(GraphMatrix * graphMatrix);
19  # endif
```

（2）graphmatrixutil.c。

```
1   # include < stdlib.h>
2   # include < stdio.h>
3   # include "graphmatrixutil.h"
4   GraphMatrix * InitGraph(int num)                 //初始化图
5   {
6       int i,j;
7       GraphMatrix * graphMatrix = (GraphMatrix * )malloc(sizeof(GraphMatrix));
8       //图中结点的个数
9       graphMatrix -> size = num;
10      //给图分配空间
11      graphMatrix -> graph = (int ** )malloc(sizeof(int * ) * graphMatrix -> size);
12      for (i = 0;i < graphMatrix -> size;i++)
13      {
14          graphMatrix -> graph[i] = (int * )malloc(sizeof(int) * graphMatrix -> size);
15      }
16      //给图中的所有元素设置初值
17      for (i = 0;i < graphMatrix -> size;i++)
18          for(j = 0;j < graphMatrix -> size;j++)
19              graphMatrix -> graph[i][j] = INT_MAX;
20      return graphMatrix;
21  }
22  void ReadGraph(GraphMatrix * graphMatrix)         //将数据读入图中
```

```
23  {
24      int vex1, vex2, weight;
25      //输入方式为点 点 权值,权值为 0,则输入结束
26      printf("请输入,输入方式为点 点 权值,权值为 0,则输入结束\n");
27      scanf("%d%d%d", &vex1, &vex2, &weight);
28      while(weight!= 0)
29      {
30          graphMatrix->graph[vex1][vex2] = weight;
31          scanf("%d%d%d", &vex1, &vex2, &weight);
32      }
33  }
34  void WriteGraph(GraphMatrix * graphMatrix)        //将图的结构显示出来
35  {
36      int i, j;
37      printf("图的结构如下,输出方式为点 ,点 ,权值\n");
38      for (i = 0;i < graphMatrix->size; i++)
39          for (j = 0; j < graphMatrix->size; j++)
40              if (graphMatrix->graph[i][j] < INT_MAX)
41                  printf("%d, %d, %d\n", i, j, graphMatrix->graph[i][j]);
42  }
```

3. 用邻接矩阵表示的图的广度优先遍历

(1) bfs_graphmatrix. h。

```
1   # ifndef BFS_GRAPHMATRIX_H_
2   # define BFS_GRAPHMATRIX_H_
3   # include "graphmatrixutil. h"
4   //函数功能:图的广度优先遍历算法,邻接矩阵表示图
5   //输入参数 graphMatrix:图
6   //输入参数 visited:做标记的(设置点是否被访问)一维数组
7   //输入参数 i:结点编号
8   void BFS(GraphMatrix * graphMatrix, int * visited, int i);
9   //函数功能:图的广度优先遍历,无论图是否连通,对图中的所有结点进行访问
10  //输入参数 graphMatrix:图
11  void BFSGraphMatrix(GraphMatrix * graphMatrix);
12  # endif
```

(2) bfs_graphmatrix. c。

```
1   # include < stdio. h >
2   # include < stdlib. h >
3   # include "LinkQueue. h"                      //使用队列做辅助结构
4   # include "bfs_graphmatrix. h"
5   //图的广度优先遍历算法,邻接矩阵表示图
6   void BFS(GraphMatrix * graphMatrix, int * visited, int i)
7   {
8       int j;
9       int tempVex;
10      LinkQueue waitingQueue = NULL;
11      waitingQueue = SetNullQueue_Link();
```

```
12      if (!visited[i])                            //如果没有访问过,则访问
13      {
14          visited[i] = 1;                         //设置标记,表明已经被访问
15          printf(" % d ", i);                     //输出访问的结点编号
16          EnQueue_link(waitingQueue,i);           //将刚访问的结点放入队列
17          while(!IsNullQueue_Link(waitingQueue))
18          {
19              //访问结点,广度优先
20              tempVex = FrontQueue_link(waitingQueue);
21              DeQueue_link(waitingQueue);
22              for(j = 0;j < graphMatrix - > size;j++)
23              {
24                  //如果其他顶点与当前顶点存在边且未被访问过
25                  if(graphMatrix - > graph[tempVex][j]!= INT_MAX && !visited[j])
26                  {
27                      visited[j] = 1;              //做标记
28                      EnQueue_link(waitingQueue, j);   //入队
29                      printf(" % d ", j);          //输出
30                  }
31              }                                    //end for(j = 0;j < graphMatrix - > size;j++)
32          }                                        //end while(!waitingQueue.empty())
33      }                                            //end if (!visited[i])
34  }
35  //图的广度优先遍历,无论图是否连通,对图中的所有结点进行访问
36  void BFSGraphMatrix(GraphMatrix * graphMatrix)
37  {
38      int i;
39      //用于记录图中的哪些结点已经被访问了
40      int * visited = (int * )malloc(sizeof(int) * graphMatrix - > size);
41      //设置所有结点都没有被访问,其中 1 为被访问过,0 为没有被访问
42      for(i = 0; i < graphMatrix - > size; i++)
43          visited[i] = 0;
44      //从 0 号结点开始进行广度优先遍历
45      for(i = 0; i < graphMatrix - > size; i++)
46          BFS(graphMatrix, visited, i);
47  }
```

4. 用邻接矩阵表示的图的深度优先遍历

（1）dfs_graphmatrix.h。

```
1   # ifndef DFS_GRAPHMATRIX_H_
2   # define DFS_GRAPHMATRIX_H_
3   # include "graphmatrixutil.h"
4   //函数功能:图的深度优先遍历递归算法,邻接矩阵表示图
5   //输入参数 graphMatrix:图
6   //输入参数 visited:做标记的(设置点是否被访问)一维数组
7   //输入参数 i:结点编号
8   void DFS(GraphMatrix * graphMatrix, int * visited, int i);
9   //函数功能:深度优先遍历,邻接矩阵表示图
10  //输入参数 graphMatrix:图
```

```
11    void DFSGraphMatrix(GraphMatrix * graphMatrix);
12    # endif
```

(2) dfs_graphmatrix.c。

```
1     # include < stdio. h>
2     # include < stdlib. h>
3     # include "dfs_graphmatrix. h"
4     //图的深度优先遍历递归算法,邻接矩阵表示图
5     void DFS(GraphMatrix * graphMatrix, int * visited, int i)
6     {
7         int j;
8         visited[ i] = 1;
9         printf(" % d ", i);
10        for(j = 0; j < graphMatrix - > size; j++)
11            if(graphMatrix - > graph[ i][ j]!= INT_MAX && ! visited[ j])
12                DFS(graphMatrix, visited, j);
13    }
14    //深度优先遍历,邻接矩阵表示图
15    void DFSGraphMatrix(GraphMatrix * graphMatrix)
16    {
17        int i;
18        //用于记录图中的哪些结点已经被访问了
19        int * visited = (int * )malloc(sizeof(int)  * graphMatrix - > size);
20        //初始化为点都没有被访问
21        for(i = 0; i < graphMatrix - > size; i++)
22            visited[ i] = 0;
23        for(i = 0; i < graphMatrix - > size; i++)
24            if(! visited[ i])      //对未访问过的顶点调用 DFS,若是连通图,只会执行一次
25                DFS(graphMatrix, visited, i);
26    }
```

5. main.c

在主函数中调用图的深度优先遍历和广度优先遍历算法进行测试。

```
1     # include < stdio. h>
2     # include "bfs_graphmatrix. h"
3     # include "dfs_graphmatrix. h"
4     int main(void)
5     {
6         GraphMatrix  * graphMatrix = NULL;
7         graphMatrix = InitGraph(7);
8         ReadGraph(graphMatrix);
9         printf("图的深度优先遍历结果如下:");
10        DFSGraphMatrix(graphMatrix);
11        printf("\n");
12        printf("图的广度优先遍历结果如下:");
13        BFSGraphMatrix(graphMatrix);
14        printf("\n");
15        return 0;
```

```
16   }
```

6．测试用例和测试结果

测试用例和测试结果截图如图 6-2 所示。

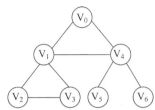

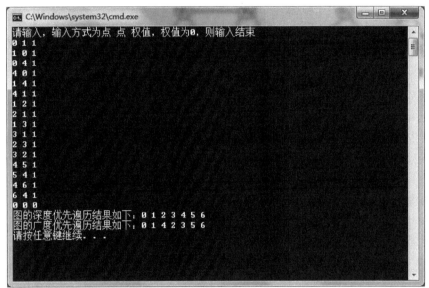

图 6-2　测试用例及运行截图

四、扩展延伸

（1）试着用 STL 中的队列做辅助结构实现图的广度优先遍历。
（2）试着用 STL 中的栈做辅助结构实现图的深度优先遍历。

6.2　初级实验 2

一、实验目的

掌握用邻接表表示的图的周游算法。

二、实验内容

实现图的广度优先遍历和深度优先遍历算法，要求如下。

（1）使用邻接表来表示图；

（2）从键盘输入图的结构；

（3）输出图的结构；

（4）实现图的广度优先遍历，输出结果；

（5）实现图的深度优先遍历，输出结果。

三、参考代码

1. 本程序的文件结构

本程序的文件结构如图 6-3 所示，说明如下。

（1）本程序使用 STL（标准模板库，C++）中的队列。STL 中队列的使用方式简单，因为这里使用了 C++ 中的 STL，所以源文件需要是 .cpp 文件。

（2）graphlistutil.cpp 与 graphlistutil.h：实现的是图的邻接表结构以及有关邻接表处理图的一些辅助函数。

（3）bfs_graphlist.cpp 与 bfs_graphlist.h：图的广度优先搜索，其中需要用到图的邻接表结构和图的一些辅助函数，因此需要包含 graphlistutil.h。

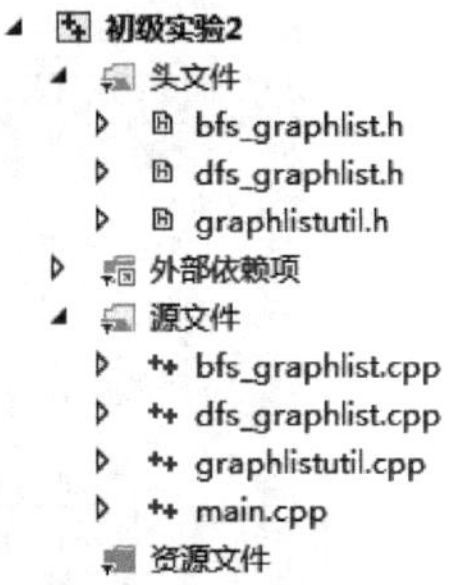

图 6-3　程序的文件结构图

（4）dfs_graphlist.cpp 与 dfs_graphlist.h：图的深度优先搜索，其中需要用到图的邻接表结构和辅助函数，因此需要包含 graphlistutil.h。

（5）main.cpp：在该文件中写了主函数，调用图的深度优先遍历函数和广度优先遍历函数，因此需要包含 dfs_graphlist.h 和 bfs_graphlist.h。

2. 图的邻接表以及辅助函数

（1）graphlistutil.h。

```
1    #ifndef GRAPHLISTUTIL_H
2    #define GRAPHLISTUTIL_H
3    typedef struct   GRAPHLISTNODE_STRU
4    {
5        int nodeno;                             //图中结点的编号
6        struct   GRAPHLISTNODE_STRU * next;     //指向下一个结点的指针
7    }GraphListNode;
8    typedef struct   GRAPHLIST_STRU
9    {
10       int size;                              //图中结点的个数
11       GraphListNode * graphListArray;        //图的邻接表
12   }GraphList;
13   //函数功能:初始化图
14   //输入参数 num:图中结点的个数
15   //返回值:用邻接表表示的图
16   GraphList * InitGraph(int num);
17   //函数功能:将数据读入图中
18   //输入参数 graphList:图
```

```
19    void ReadGraph(GraphList * graphList);
20    //函数功能:将图的结构显示出来
21    //输入参数 graphList:图
22    void WriteGraph(GraphList * graphList);
23    #endif
```

(2) graphlistutil.cpp。

```
1     #include <stdlib.h>
2     #include <stdio.h>
3     #include "graphlistutil.h"
4     GraphList * InitGraph(int num)                        //初始化图
5     {
6         int i;
7         GraphList * graphList = (GraphList * )malloc(sizeof(GraphList));
8         graphList -> size = num;
9         graphList -> graphListArray = (GraphListNode * )malloc(sizeof(GraphListNode) * num);
10        for (i = 0; i < num; i++)
11        {
12            graphList -> graphListArray[i].next = NULL;
13            graphList -> graphListArray[i].nodeno = i;
14        }
15        return graphList;
16    }
17    void ReadGraph(GraphList * graphList)                 //将数据读入图中
18    {
19        int vex1, vex2;
20        GraphListNode * tempNode = NULL;
21        //输入方式为点 点 ,点为 - 1,则输入结束
22        printf("请输入,输入方式为点 点 ,点为 - 1,则输入结束\n");
23        scanf("%d %d", &vex1, &vex2);
24        while(vex1 >= 0 && vex2 >= 0)
25        {
26            tempNode = (GraphListNode * )malloc(sizeof(GraphListNode));
27            tempNode -> nodeno = vex2;
28            tempNode -> next = NULL;
29            //寻找到要插入结点的地方,这里为了方便把新加入的结点放在链表首
30            tempNode -> next = graphList -> graphListArray[vex1].next;
31            graphList -> graphListArray[vex1].next = tempNode;
32            scanf("%d %d", &vex1, &vex2);
33        }
34    }
35    void WriteGraph(GraphList * graphList)                //将图的结构显示出来
36    {
37        int i;
38        GraphListNode * tempNode = NULL;
39        for (i = 0; i < graphList -> size; i++)
40        {
41            //输出每条链表的结点
42            tempNode = graphList -> graphListArray[i].next;
43            while(tempNode!= NULL)
```

```
44          {
45              printf("结点%d和%d相连\n", i, tempNode->nodeno);
46              tempNode = tempNode->next;
47          }//end while(tempNode != NULL)
48      }//end for (i = 0; i < graphList->size; i++)
49  }
```

3. 基于邻接表的图的深度优先遍历

(1) dfs_graphlist.h。

```
1   # ifndef DFS_GRAPHLIST_H
2   # define DFS_GRAPHLIST_H
3   # include "graphlistutil.h"
4   //函数功能:图的深度优先遍历递归算法,邻接表表示图
5   //输入参数 graphList:图
6   //输入参数 visited:做标记(设置点是否被访问)的一维数组
7   //输入参数 i:结点编号
8   void DFS(GraphList * graphList, int * visited, int i);
9   //函数功能:深度遍历,邻接表表示图
10  //输入参数 graphList:图
11  void DFSGraphList(GraphList * graphList);
12  # endif
```

(2) dfs_graphlist.cpp。

```
1   # include <stdio.h>
2   # include <stdlib.h>
3   # include "dfs_graphlist.h"
4   //图的深度优先遍历递归算法,邻接表表示图
5   void DFS(GraphList * graphList, int * visited, int i)
6   {
7       GraphListNode * tempNode = NULL;
8       visited[i] = 1;
9       printf("%d ", i);
10      tempNode = graphList->graphListArray[i].next;
11      while(tempNode!= NULL)
12      {
13          if(!visited[tempNode->nodeno])
14          DFS(graphList, visited, tempNode->nodeno);
15          tempNode = tempNode->next;
16      }
17  }
18  void DFSGraphList(GraphList * graphList)              //深度优先遍历,邻接表表示图
19  {
20      int i;
21      //分配空间,生成一维数组,该数组用于记录图中的哪些结点已经被访问了
22      int * visited = (int * )malloc(sizeof(int) * graphList->size);
23      //初始化为点都没有被访问
24      for(i = 0; i < graphList->size; i++)
25          visited[i] = 0;
```

```
26        for(i = 0; i < graphList - > size; i++)
27            if(!visited[i])          //对未访问过的顶点调用 DFS,若是连通图,只会执行一次
28                DFS(graphList, visited, i);
29    }
```

4. 基于邻接表的图的广度优先遍历(该算法实现中使用的队列是 STL 中的 queue)

(1) bfs_graphlist. h。

```
1    # ifndef BFS_GRAPHLIST_H
2    # define BFS_GRAPHLIST_H
3    # include "graphlistutil. h"
4    //函数功能:图的广度优先遍历递归算法,邻接表表示图
5    //输入参数 graphList:图
6    //输入参数 visited:做标记的(设置点是否被访问)一维数组
7    //输入参数 i:结点编号
8    void BFS(GraphList * graphList, int * visited, int i);
9    //函数功能:图的广度优先遍历,邻接表表示图
10   //输入参数 graphList:图
11   void BFSGraphList(GraphList * graphList);
12   # endif
```

(2) bfs_graphlist. cpp。

```
1    # include < stdio. h >
2    # include < stdlib. h >
3    # include < queue >                          //使用 STL 中的队列需包含的头文件
4    # include "bfs_graphlist. h"
5    using namespace std;
6    //图的广度优先遍历递归算法,邻接表表示图
7    void BFS(GraphList * graphList, int * visited, int i)
8    {
9        int tempVex;
10       GraphListNode * tempNode = NULL;
11       //广度优先遍历使用的队列是 C++ 的 STL 中的 queue
12       queue < int > waitingQueue;
13       //如果没有被访问过,则访问
14       if (!visited[i])
15       {
16           visited[i] = 1;                     //设置标记,表明已经被访问
17           printf(" % d ", i);                  //输出访问的结点编号
18           waitingQueue. push(i);               //将刚访问的结点放入队列
19           //访问结点,广度优先
20           while(!waitingQueue. empty())
21           {
22               tempVex = waitingQueue. front();
23               waitingQueue. pop();
24               //依次访问与当前结点相邻的点
25               tempNode = graphList - > graphListArray[tempVex]. next;
```

```
26                  while(tempNode!= NULL)
27                  {
28                      //如果其他顶点与当前顶点存在边且未被访问过
29                      if(!visited[tempNode -> nodeno])
30                      {
31                          visited[tempNode -> nodeno] = 1;         //做标记
32                          waitingQueue.push(tempNode -> nodeno); //入队
33                          printf("% d    ", tempNode -> nodeno); //输出
34                      }//end if(!visited[tempNode -> nodeno])
35                      tempNode = tempNode -> next;               //移动到下一个结点
36                  }//end while(tempNode!= NULL)
37              }//end while(!waitingQueue.empty())
38          }//end if (!visited[i])
39  }
40  void BFSGraphList(GraphList * graphList)                //图的广度优先遍历,邻接表表示图
41  {
42      int i;
43      //用于记录图中的哪些结点已经被访问了
44      int * visited = (int *)malloc(sizeof(int) * graphList -> size);
45      //设置所有结点都没有被访问,其中 1 为被访问过,0 为没有被访问
46      for(i = 0; i < graphList -> size; i++)
47          visited[i] = 0;
48      //从 0 号结点开始进行广度优先遍历
49      for(i = 0; i < graphList -> size; i++)
50          BFS(graphList, visited, i);
51  }
```

5. main.cpp

主函数调用图的深度优先遍历算法和广度优先遍历算法进行测试。

```
1   # include < stdio.h >
2   # include "bfs_graphlist.h"
3   # include "dfs_graphlist.h"
4   int main(void)
5   {
6       GraphList * graphList = NULL;
7       graphList = InitGraph(7);                        //初始化图
8       ReadGraph(graphList);                            //读图
9       printf("图的深度优先遍历结果如下:");
10      DFSGraphList(graphList);
11      printf("\n");
12      printf("图的广度优先遍历结果如下:");
13      BFSGraphList(graphList);
14      printf("\n");
15      return 0;
16  }
```

6. 测试用例和测试结果

测试用例及运行截图如图 6-4 所示。

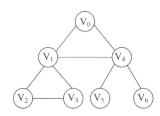

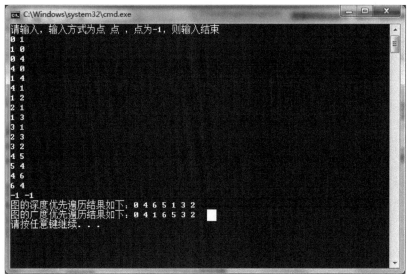

图 6-4 测试用例及运行截图

四、扩展延伸

在实现图的广度优先遍历时,参考代码中使用的队列是 STL 中的 queue。请使用自己在前面实验中实现的队列,实现用邻接表表示的图的广度优先遍历算法。

6.3 初级实验 3

一、实验目的

掌握最小生成树的 Prim 算法。

二、实验内容

用邻接矩阵表示图,实现最小生成树的 Prim 算法,并输出结果,要求如下。

(1)使用邻接矩阵表示图;

(2)将最后所得最小生成树输出。

三、参考代码

1. 本程序的文件结构

本程序的文件结构如图 6-5 所示,说明如下。

（1）graphmatrixutil. c 与 graphmatrixutil. h：实现的是图的邻接矩阵结构以及有关邻接矩阵处理图的一些辅助函数,具体参见 6.1 节的初级实验 1。

（2）prim. c 与 prim. h：图的最小生成树的 Prim 算法实现,其中需要用到图的邻接矩阵结构和图的一些辅助函数,因此需要包含 graphmatrixutil. h。

（3）main. c：在该文件中写了主函数,调用图的最小生成树的 Prim 算法,因此需要包含 prim. h。

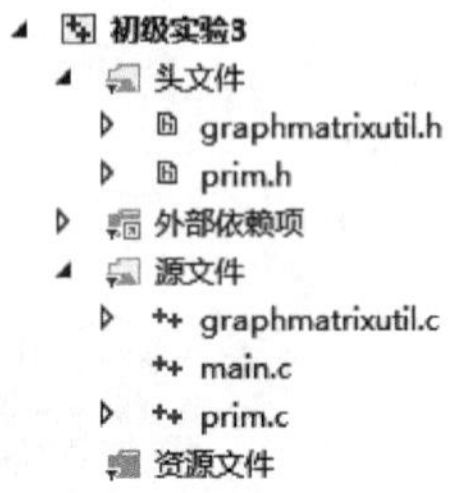

▲ 🗷 初级实验3
 ▲ 🗀 头文件
  ▷ 🗈 graphmatrixutil.h
  ▷ 🗈 prim.h
 ▷ 🗐 外部依赖项
 ▲ 🗀 源文件
  ▷ ✦✦ graphmatrixutil.c
    ✦✦ main.c
  ▷ ✦✦ prim.c
    🗐 资源文件

图 6-5　程序的文件结构图

2. 最小生成树的 Prim 算法

（1）prim. h。

```
1    #ifndef PRIM_H_
2    #define PRIM_H_
3    #include "graphmatrixutil.h"
4    //函数功能:Prim 算法
5    //输入参数 source:起点
6    //输入参数 graphMatrix:图
7    //返回值:最小生成树
8    GraphMatrix * prim( int source,GraphMatrix * graphMatrix);
9    #endif
```

（2）prim. c。

```
1    #include < stdlib.h>
2    #include "prim.h"
3    GraphMatrix * prim( int source,GraphMatrix * graphMatrix)         //Prim 算法
4    {
5        int i,j;
6        int * component = (int * )malloc(sizeof(graphMatrix -> size));   //新点集合
7        int * distance = (int * )malloc(sizeof(graphMatrix -> size)); //distance[i]表示 i 点到
                                                                      //新点集合中最近点距离
8        //邻居,例如 neighbor[ i ] = j 表示 i 的邻居是 j
9        int * neighbor = (int * )malloc(sizeof(graphMatrix -> size));
10       GraphMatrix * tree = InitGraph(graphMatrix -> size);         //存放结果的图
11       //先做初始化工作,先将起点放入新点集合
12       for (i = 0; i < graphMatrix -> size; i++)
13       {
14           component[ i ] = 0;
15           distance[ i ] = graphMatrix -> graph[ source ][ i ];
16           neighbor[ i ] = source;
17       }
```

```
18          component[source] = 1;                                    //标记起点为新点集合中点
19          //每次添加一个结点到新点集合中
20          for (i = 1; i < graphMatrix -> size; i++)
21          {
22              int v;
23              int min = INT_MAX;
24              //选择不在新点集合中,且距离新点集合最短的那个点
25              for (j = 0; j < graphMatrix -> size; j++)
26              {
27                  if(!component[j])
28                  {
29                      if (distance[j] < min)                         //找最小值
30                      {
31                          v = j;
32                          min = distance[j];
33                      }//end if (distance[j] < min)
34                  }//end if(!component[j])
35              }//end for (j = 0; j < graphMatrix -> size; j++)
36              //将找到的点 v 加入新点集合,并更新 distance 数组
37              if (min < INT_MAX)
38              {
39                  component[v] = 1;
40                  tree -> graph[v][neighbor[v]] = distance[v];
41                  tree -> graph[neighbor[v]][v] = distance[v];
42                  //更新非新点集合中的点到新点集合的距离
43                  for (j = 0; j < graphMatrix -> size; j++)
44                  {
45                      if (!component[j])
46                      {
47                          if (graphMatrix -> graph[v][j] < distance[j])
48                          {
49                              distance[j] = graphMatrix -> graph[v][j];
50                              neighbor[j] = v;
51                          }//end if (graphMatrix -> graph[v][j] < distance[j])
52                      }//end if (!component[j]){
53                  }//end for (j = 0; j < graphMatrix -> size; j++)
54              }
55              else
56                  break;
57          }//end for (i = 1; i < graphMatrix -> size; i++)
58          return tree;
59  }
```

3. main.c

在主函数中测试最小生成树。

```
1   # include < stdlib.h >
2   # include "prim.h"
```

```
3    int main(void)
4    {
5        GraphMatrix * graphMatrix = NULL;
6        GraphMatrix * tree = NULL;
7        graphMatrix = InitGraph(6);
8        ReadGraph(graphMatrix);
9        tree = prim(0, graphMatrix);
10       WriteGraph(tree);
11       return 0;
12   }
```

4．测试用例和测试结果

测试用例和测试结果如图 6-6 所示。

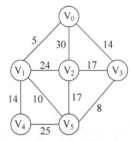

图 6-6　测试用例及运行截图

四、扩展延伸

如果用邻接表表示图，如何实现最小生成树的 Prim 算法？

6.4 初级实验4

一、实验目的

掌握最小生成树的 Kruskal 算法。

二、实验内容

用邻接矩阵表示图，实现最小生成树的 Kruskal 算法，并输出结果。

三、参考代码

1. 本程序的文件结构

本程序的文件结构如图 6-7 所示，说明如下。

（1）graphmatrixutil. c 与 graphmatrixutil. h：实现的是图的邻接矩阵结构以及有关邻接矩阵处理图的一些辅助函数，具体参见 6.1 节的初级实验 1。

（2）kruskal. c 与 kruskal. h：图的最小生成树的 Kruskal 算法实现，其中需要用到图的邻接矩阵结构和图的一些辅助函数，因此需要包含 graphmatrixutil. h。

（3）main. c：在该文件中写了主函数，调用图的最小生成树的 Kruskal 算法，因此需要包含 kruskal. h。

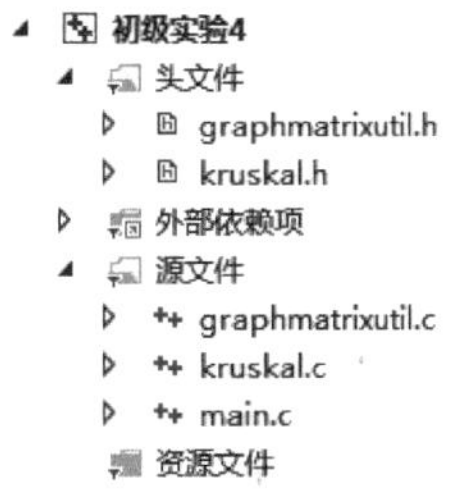

图 6-7 程序的文件结构图

2. 最小生成树的 Kruskal 算法

（1）kruskal. h。

```
1    # ifndef KRUSKAL_H_
2    # define KRUSKAL_H_
3    # include "graphmatrixutil.h"
4    typedef struct  EDGE_STRU
5    {
6        int begin;      //起点
7        int end;        //终点
8        int weight;     //权值
9    }Edge;
10   //函数功能:Kruskal 算法
11   //输入参数 graphMatrix:图
12   //返回值:最小生成树
13   GraphMatrix * kruskal( GraphMatrix * graphMatrix);
14   # endif
```

（2）kruskal. c。

```
1    # include < stdlib. h >
```

```
2     # include "kruskal.h"
3     GraphMatrix * kruskal( GraphMatrix * graphMatrix)          //Kruskal 算法
4     {
5         int i,j,k;
6         int edgeNum = 0;
7         Edge * edge = NULL;
8         Edge tempEdge;                              //给边排序时候的临时变量
9         int pos;                                    //记录添加到哪条边了
10        int * group;                                //记录点是否属于同一连通分量
11        int changeGroup;                            //记录要变化的连通值
12        GraphMatrix * tree = InitGraph(graphMatrix -> size);   //存放结果的图
13        group = (int * )malloc(sizeof(int) * graphMatrix -> size);
14        //初始化
15        for (i = 0;i < graphMatrix -> size;i++)
16            group[i] = i;             //点之间现在都没有连通,因此每个点 group 中的值都不同
17        //分析有多少条边,其实在读入数据的时候就可以进行边数量的统计
18        //这里不愿意改变原有 graphutil 文件的程序,而且不愿意多分配空间
19        //所以这样浪费时间多算一下边数,最后根据边数分配空间
20        for (i = 0; i < graphMatrix -> size; i++)
21            for (j = i + 1; j < graphMatrix -> size; j++)
22                if (graphMatrix -> graph[i][j] < INT_MAX)
23                    edgeNum++;
24        //根据刚刚计算出来的边的数量分配空间
25        edge = (Edge * )malloc(sizeof(Edge) * edgeNum);
26        k = 0;                          //给边赋值的时候用
27        //给边赋值
28        for (i = 0; i < graphMatrix -> size; i++)
29        {
30            for (j = i + 1; j < graphMatrix -> size; j++)
31            {
32                if (graphMatrix -> graph[i][j] < INT_MAX)
33                {
34                    edge[k].begin = i;
35                    edge[k].end = j;
36                    edge[k].weight = graphMatrix -> graph[i][j] ;
37                    k++;
38                }//end if (graphMatrix -> graph[i][j] < INT_MAX)
39            }//end for (j = i + 1; j < graphMatrix -> size; j++)
40        }//end for (i = 0; i < graphMatrix -> size; i++)
41        //给边排序
42        for (i = 0;i < edgeNum;i++)
43        {
44            for (j = i + 1;j < edgeNum;j++)
45            {
46                if (edge[i].weight > edge[j].weight)
47                {
48                    tempEdge = edge[i];
49                    edge[i] = edge[j];
```

```
50              edge[j] = tempEdge;
51          }//end if (edge[i].weight > edge[j].weight)
52      }//end for (j = i + 1;j < edgeNum;j++)
53  }//end for (i = 0;i < edgeNum;i++)
54  //每次从边数组中取出最小的一条边,判断是否能添加到最小生成树中
55  //边数组这时已经排好顺序了
56  for (i = 0;i < edgeNum;i++)
57  {
58      //只添加终点和起点属于两个不同连通分量的边
59      if (group[edge[i].begin]!= group[edge[i].end])
60      {
61          //添加到树中
62          tree -> graph[edge[i].begin][edge[i].end] = edge[i].weight;
63          tree -> graph[edge[i].end][edge[i].begin] = edge[i].weight;
64          //更新所有跟终点属于同一连通分量的点的连通值
65          changeGroup = group[edge[i].end];
66          for (j = 0;j < edgeNum;j++)
67          {
68              if (group[j] == changeGroup)
69              {
70                  group[j] = group[edge[i].begin];
71              }//end if (group[j] == changeGroup)
72          }//end for (j = 0;j < edgeNum;j++)
73      }//end if (group[edge[i].begin]!= group[edge[i].end])
74  }//end for (i = 0;i < edgeNum;i++)
75  return tree;
76  }
```

3. main.c

在主函数中测试最小生成树的 Kruskal 算法。

```
1   # include < stdlib.h >
2   # include "kruskal.h"
3   int main(void)
4   {
5       GraphMatrix  * graphMatrix = NULL;
6       GraphMatrix  * tree = NULL;
7       graphMatrix = InitGraph(6);
8       ReadGraph(graphMatrix);          //读图
9       tree = kruskal(graphMatrix);     //调用实现 Kruskal 算法的函数
10      WriteGraph(tree);                //输出结果
11      return 0;
12  }
```

4. 测试用例和测试结果

测试用例及运行截图如图 6-8 所示。

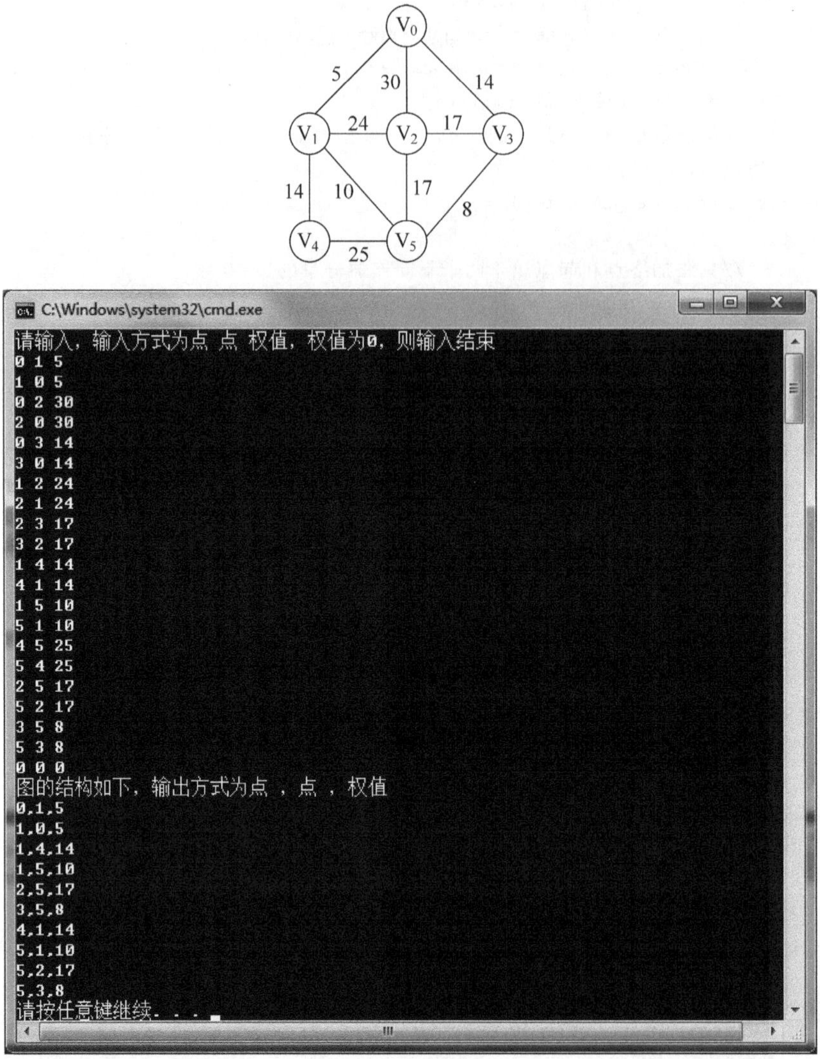

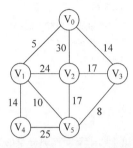

V0
V1
V2
V3
V4
V5
5
30
14
24
17
14
10
17
8
25
C:\Windows\system32\cmd.exe
请输入，输入方式为点 点 权值，权值为0，则输入结束
0 1 5
1 0 5
0 2 30
2 0 30
0 3 14
3 0 14
1 2 24
2 1 24
2 3 17
3 2 17
1 4 14
4 1 14
1 5 10
5 1 10
4 5 25
5 4 25
2 5 17
5 2 17
3 5 8
5 3 8
0 0 0
图的结构如下，输出方式为点 ，点 ，权值
0,1,5
1,0,5
1,4,14
1,5,10
2,5,17
3,5,8
4,1,14
5,1,10
5,2,17
5,3,8
请按任意键继续. . .

图 6-8　测试用例及运行截图

四、扩展延伸

请添加代码把 Kruskal 算法中每步加边的情况显示出来。

6.5　初级实验 5

一、实验目的

掌握求图的最短路径的 Dijkstra 算法。

二、实验内容

用邻接矩阵表示图,实现求图的最短路径的 Dijkstra 算法,要求如下。

(1) 使用邻接矩阵表示图;

(2) 使用 Dijkstra 算法实现从起点到其余点的最短路径。

三、参考代码

1. 本程序的文件结构

本程序的文件结构如图 6-9 所示,说明如下。

(1) graphmatrixutil. c 与 graphmatrixutil. h:实现的是图的邻接矩阵结构以及有关邻接矩阵处理图的一些辅助函数,具体参见 6.1 节的初级实验 1。

(2) dijkstra. c 与 dijkstra. h:图的最短路径的 Dijkstra 算法实现,其中需要用到图的邻接矩阵结构和图的一些辅助函数,因此需要包含 graphmatrixutil. h。

(3) main. c:在该文件中写了主函数,调用图的最短路径算法,因此需要包含 dijkstra. h。

```
▲ 🔧 初级实验5
  ▲ 📁 头文件
      ▷ 🗋 dijkstra.h
      ▷ 🗋 graphmatrixutil.h
  ▷ 📁 外部依赖项
  ▲ 📁 源文件
      ▷ ✛ dijkstra.c
      ▷ ✛ graphmatrixutil.c
      ▷ ✛ main.c
    📁 资源文件
```

图 6-9 程序的文件结构图

2. 图的最短路径的 Dijkstra 算法的实现

(1) dijkstra. h。

```
1   #ifndef DIJKSTRA_H_
2   #define DIJKSTRA_H_
3   #include "graphmatrixutil.h"
4   //函数功能:Dijkstra 算法
5   //输入参数 source:起点
6   //输入参数 graphMatrix:图
7   //返回值:存放最短路径的一维数组首地址
8   int * dijkstra( int source,GraphMatrix * graphMatrix);
9   #endif
```

(2) dijkstra. c。

```
1    #include <stdlib.h>
2    #include "dijkstra.h"
3    int * dijkstra( int source,GraphMatrix * graphMatrix)         //Dijkstra 算法
4    {
5        int i, j;
6        int vex;
7        int min;
8        //found 数组用于记录哪些点是新点集合中的,哪些不是
9        int * found = (int * )malloc(sizeof(int) * graphMatrix->size);
10       //距离数组,在算法过程中不断更新,最后结果也放在这里
11       int * distance = (int * )malloc(sizeof(int) * graphMatrix->size);
12       //初始化
```

```
13        for (i = 0; i < graphMatrix -> size; i++)
14        {
15            found[ i] = 0;
16            distance[ i] = graphMatrix -> graph[ source][ i];
17        }//end for (i = 0; i < graphMatrix -> size; i++)
18        //将起点加入新点集合中
19        found[ source] = 1;
20        distance[ source] = 0;
21        //每次加入一个点到新点集合中,规则是当前距离最小的
22        for (i = 0; i < graphMatrix -> size; i++)
23        {
24            //用找最小值的方式寻找距离最小的点
25            min = INT_MAX;
26            for (j = 0; j < graphMatrix -> size; j++)
27            {
28                if (!found[ j])
29                {
30                    if (distance[ j] < min)
31                    {
32                        vex = j;
33                        min = distance[ j];
34                    }
35                }//end if (!found[ j])
36            }//end for (j = 0; j < graphMatrix -> size; j++)
37            found[ vex] = 1;                              //找到的点加入新点集合
38            //因为有点加入新点集合,更新距离
39            for (j = 0; j < graphMatrix -> size; j++)
40                if (!found[ j] && graphMatrix -> graph[ vex][ j]!= INT_MAX)
41                    if (min + graphMatrix -> graph[ vex][ j] < distance[ j])
42                        distance[ j] = min + graphMatrix -> graph[ vex][ j];
43        }
44        return distance;
45    }
```

3. main.c

在主函数中测试获得最短路径的 Dijkstra 算法。

```
1    # include < stdlib. h>
2    # include < stdio. h>
3    # include "dijkstra.h"
4    int main( void)
5    {
6        GraphMatrix * graphMatrix = NULL;
7        int * distance = NULL;
8        int i;
9        graphMatrix = InitGraph(6);
10       ReadGraph( graphMatrix);
11       distance = dijkstra(0, graphMatrix);
```

```
12        for (i = 0; i < graphMatrix -> size; i++)
13            if (distance[i]< INT_MAX)
14                printf("0 号结点到 % d 号结点的最短距离为 % d  \n", i,distance[i]);
15            else
16                printf("0 号结点到 % d 号结点无法连通  \n", i);
17        return 0;
18    }
```

4．测试用例和测试结果

测试用例及运行截图如图 6-10 所示。

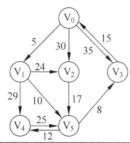

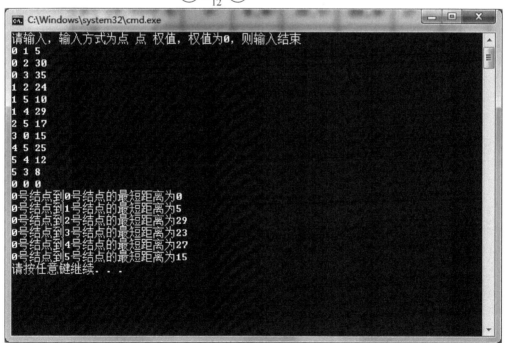

图 6-10 测试用例及运行截图

四、扩展延伸

如果除了将两点间最短路径的值求出,还需要将该路径具体经过的结点显示出来,该如何使用辅助的数据结构实现?

6.6 初级实验6

一、实验目的

掌握求图的最短路径的 Floyd 算法。

二、实验内容

用邻接矩阵表示图,使用 Floyd 算法求图的最短路径。

三、参考代码

1. 本程序的文件结构

本程序的文件结构如图 6-11 所示,说明如下。

(1) graphmatrixutil. c 与 graphmatrixutil. h:实现的是图的邻接矩阵结构以及有关邻接矩阵处理图的一些辅助函数,具体参见 6.1 节的初级实验 1。

(2) floyd. c 与 floyd. h:图的最短路径的 Floyd 算法实现,其中需要用到图的邻接矩阵结构和图的一些辅助函数,因此需要包含 graphmatrixutil. h。

(3) main. c:在该文件中写了主函数,调用图的最短路径 Floyd 算法,因此需要包含 floyd. h。

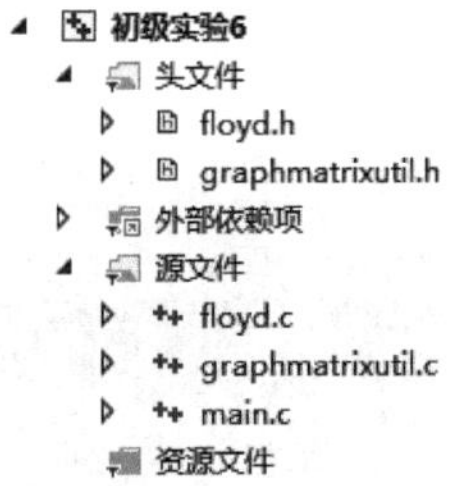

图 6-11 程序的文件结构图

2. 图的最短路径 Floyd 算法的实现

(1) floyd. h。

```
1    # ifndef FLOYD_H_
2    # define FLOYD_H_
3    # include "graphmatrixutil. h"
4    //保存最短路径的结果
5    typedef struct    SHORTESTPATH_STRU
6    {
7        int size;                 //图中结点的个数
8        int ** pathLen;           //二维数组保存每对顶点间的最短路径长度
9        int ** nextVex;           //二维数组保存 vi 到 vj 最短路径上 vi 的后续结点下标
10    }ShortPath;
11    //函数功能:Floyd 算法
12    //输入参数 graphMatrix:图
13    //返回值:最短路径结构
14    ShortPath * floyd( GraphMatrix * graphMatrix);
15    # endif
```

（2）floyd.c。

```c
1    # include < stdlib.h >
2    # include "floyd.h"
3    //函数功能:Floyd算法
4    ShortPath * floyd( GraphMatrix * graphMatrix)
5    {
6        int i,j,vex;
7        ShortPath * shortPath = NULL;
8        shortPath = (ShortPath * )malloc(sizeof(ShortPath));
9        shortPath - > size = graphMatrix - > size;
10       //分配空间二维数组
11       shortPath - > nextVex = (int ** )malloc(sizeof(int * ) * shortPath - > size);
12       for (i = 0;i < shortPath - > size;i++)
13           shortPath - > nextVex[i] = (int * )malloc(sizeof(int) * shortPath - > size);
14       //分配空间二维数组
15       shortPath - > pathLen = (int ** )malloc(sizeof(int * ) * shortPath - > size);
16       for (i = 0;i < shortPath - > size;i++)
17           shortPath - > pathLen[i] = (int * )malloc(sizeof(int) * shortPath - > size);
18       //初始化
19       for (i = 0;i < shortPath - > size;i++)
20       {
21           for (j = 0;j < shortPath - > size;j++)
22           {
23               //为了不破坏图的原有结构,使用辅助数组进行数据的迭代
24               shortPath - > pathLen[i][j] = graphMatrix - > graph[i][j];
25               if (shortPath - > pathLen[i][j] == INT_MAX)
26                   shortPath - > nextVex[i][j] = - 1;
27               else
28                   shortPath - > nextVex[i][j] = j;
29           }//end for (j = 0;j < shortPath - > size;j++)
30       }//end for (i = 0;i < shortPath - > size;i++)
31       //正式开始计算
32       for (vex = 0; vex < graphMatrix - > size; vex++)
33       {
34           for (i = 0;i < graphMatrix - > size;i++)
35           {
36               for (j = 0;j < graphMatrix - > size;j++)
37               {
38                   if (shortPath - > pathLen[i][vex] == INT_MAX || shortPath - > pathLen[vex][j] == INT_MAX)
39                       continue;
40                   //路径更短,则更新
41                   if (shortPath - > pathLen[i][vex] + shortPath - > pathLen[vex][j]
42                                                   < shortPath - > pathLen[i][j])
43                   {
44                       shortPath - > pathLen[i][j]
45                       = shortPath - > pathLen[i][vex] + shortPath - > pathLen[vex][j];
46                       shortPath - > nextVex[i][j] = shortPath - > nextVex[i][vex];
47                   }
48               }//end for (j = 0;j < graphMatrix - > size;j++)
49           }//end for (i = 0;i < graphMatrix - > size;i++)
```

```
49        }//end for (vex = 0; vex < graphMatrix -> size; vex++)
50        return shortPath;
51    }
```

3. main.c

在主函数中测试 Floyd 算法。

```
1     # include < stdlib.h >
2     # include < stdio.h >
3     # include "floyd.h"
4     int main(void)
5     {
6         //最短路径测试
7         GraphMatrix * graphMatrix = NULL;
8         ShortPath * shortPath = NULL;
9         int i,j,k;
10        graphMatrix = InitGraph(6);
11        ReadGraph(graphMatrix);                //读图
12        shortPath = floyd( graphMatrix);       //使用 Floyd 算法求最短路径
13        //输出所有结点之间的最短路径
14        for (i = 0;i < graphMatrix -> size;i++)
15        {
16            for (j = 0;j < graphMatrix -> size;j++)
17            {
18                if (i!= j && shortPath -> pathLen[i][j] != INT_MAX)
19                {
20                    printf("从 %d 到 %d 的最短路径长度为 %d,
                       具体路径为:",i,j,shortPath -> pathLen[i][j]);
21                    printf(" %d",i);          //输出起点
22                    k = i;                     //从起点出发,寻找完整路径
23                    while(k!= j )
24                    {
25                        k = shortPath -> nextVex[k][j];
26                        printf(" ->%d", k);   //将途经点输出
27                    }//end while(k != j )
28                    printf("\n");
29                }//end if (i!= j && shortPath -> pathLen[i][j]!= INT_MAX)
30            }//end for (j = 0;j < graphMatrix -> size;j++)
31        }//end for (i = 0;i < graphMatrix -> size;i++)
32        return 0;
33    }
```

4. 测试用例和测试结果

测试用例及运行截图如图 6-12 所示。

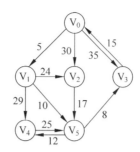

```
C:\Windows\system32\cmd.exe                    _ □ X

请输入，输入方式为点 点 权值，权值为0，则输入结束
0 1 5
0 2 30
0 3 35
1 2 24
1 5 10
1 4 29
2 5 17
3 0 15
4 5 25
5 4 12
5 3 8
0 0 0
从0到1的最短路径长度为5，具体路径为：0->1
从0到2的最短路径长度为29，具体路径为：0->1->2
从0到3的最短路径长度为23，具体路径为：0->1->5->3
从0到4的最短路径长度为27，具体路径为：0->1->5->4
从0到5的最短路径长度为15，具体路径为：0->1->5
从1到0的最短路径长度为33，具体路径为：1->5->3->0
从1到2的最短路径长度为24，具体路径为：1->2
从1到3的最短路径长度为18，具体路径为：1->5->3
从1到4的最短路径长度为22，具体路径为：1->5->4
从1到5的最短路径长度为10，具体路径为：1->5
从2到0的最短路径长度为40，具体路径为：2->5->3->0
从2到1的最短路径长度为45，具体路径为：2->5->3->0->1
从2到3的最短路径长度为25，具体路径为：2->5->3
从2到4的最短路径长度为29，具体路径为：2->5->4
从2到5的最短路径长度为17，具体路径为：2->5
从3到0的最短路径长度为15，具体路径为：3->0
从3到1的最短路径长度为20，具体路径为：3->0->1
从3到2的最短路径长度为44，具体路径为：3->0->1->2
从3到4的最短路径长度为42，具体路径为：3->0->1->5->4
从3到5的最短路径长度为30，具体路径为：3->0->1->5
从4到0的最短路径长度为48，具体路径为：4->5->3->0
从4到1的最短路径长度为53，具体路径为：4->5->3->0->1
从4到2的最短路径长度为77，具体路径为：4->5->3->0->1->2
从4到3的最短路径长度为33，具体路径为：4->5->3
从4到5的最短路径长度为25，具体路径为：4->5
从5到0的最短路径长度为23，具体路径为：5->3->0
从5到1的最短路径长度为28，具体路径为：5->3->0->1
从5到2的最短路径长度为52，具体路径为：5->3->0->1->2
从5到3的最短路径长度为8，具体路径为：5->3
从5到4的最短路径长度为12，具体路径为：5->4
请按任意键继续. . .
```

图 6-12 测试用例及运行截图

四、扩展延伸

试着将能描述图的结构的数据放入文件中，然后通过读文件的方式将图的结构读入。

6.7　中级实验 1

一、实验目的

掌握拓扑排序算法。

二、实验内容

用邻接表表示图,实现拓扑排序算法,并将结果输出。

三、参考代码

1. 本程序的文件结构

本程序的文件结构如图 6-13 所示,说明如下。

(1) graphlistutil. c 与 graphlistutil. h:实现的是图的邻接表结构以及有关邻接表处理图的一些辅助函数,具体参见 6.2 节的初级实验 2。

(2) linkstack. c 与 linkstack. h:栈的实现。在拓扑排序中会使用栈做辅助结构,相关栈的代码请参考前面的章节。

(3) main. c:在该文件中写了实现拓扑排序的函数 topologicalsort 以及 main 函数,因为用到采用邻接表表示的图和栈,所以需要包含 graphlistutil. h 和 linkstack. h。

图 6-13　程序的文件结构图

2. main. c

在 main. c 文件中有实现拓扑排序的函数以及调用拓扑排序进行测试的 main 函数。

```
1    # include < stdio. h >
2    # include < stdlib. h >
3    # include "graphlistutil. h"
4    # include "linkstack. h"
5    //函数功能:拓扑排序
6    //输入参数 graphList:邻接表表示的图
7    //返回值:1 表示成功,0 表示失败
8    int topologicalsort(GraphList * graphList)
9    {
10       int i;
11       int cnt;
12       int nodeNum;
13       int success = 1;
14       LinkStack nodeStack = NULL;
15       GraphListNode * tempNode = NULL;
16       int * inPoint = (int * )malloc(sizeof(int) * graphList - > size);
17       nodeStack = SetNullStack_Link();
18       for (i = 0; i < graphList - > size; i++)
```

```
19              inPoint[i] = 0;
20          for (i = 0; i < graphList -> size; i++)   //计算点的入度
21          {
22              tempNode = graphList -> graphListArray[i].next;
23              while(tempNode!= NULL)
24              {
25                  inPoint[tempNode -> nodeno]++;
26                  tempNode = tempNode -> next;
27              }
28          }
29          for(i = 0; i < graphList -> size; i++)    //将入度为 0 的顶点入栈
30              if (inPoint[i] == 0)
31                  Push_link(nodeStack, i);
32          cnt = 0;
33          //如果记录结点的栈不为空
34          while(!IsNullStack_link(nodeStack))
35          {
36              nodeNum = Top_link(nodeStack);        //取栈顶元素 nodeNum
37              printf(" % d ", nodeNum);
38              Pop_link(nodeStack);
39              cnt++;
40              //检查 nodeNum 的出边,将每条出边的终端顶点的入度减 1,若该顶点的入度为 0,入栈
41              tempNode = graphList -> graphListArray[nodeNum].next;
42              while(tempNode!= NULL)
43              {
44                  inPoint[tempNode -> nodeno] -- ;
45                  if (inPoint[tempNode -> nodeno] == 0)
46                      Push_link(nodeStack, tempNode -> nodeno);
47                  tempNode = tempNode -> next;
48              }//end while(tempNode != NULL)
49          }//end while(!IsNullStack_link(nodeStack))
50          if (cnt!= graphList -> size)
51              success = 0;
52          return success;
53  }
54  int main(void)
55  {
56      GraphList  * graphList = InitGraph(6);
57      int result = 0;
58      ReadGraph(graphList);
59      WriteGraph(graphList);
60      result = topologicalsort(graphList);
61      if (result == 1)
62          printf("拓扑排序成功\n");
63      else
64          printf("拓扑排序失败\n");
65       return 0;
66  }
```

3．测试用例和测试结果

测试用例及运行截图如图 6-14 所示。

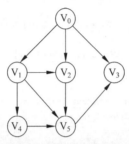

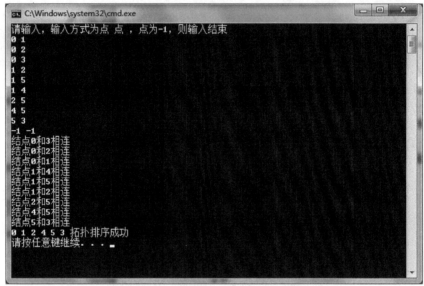

图 6-14　测试用例及运行截图

四、扩展延伸

试着使用 STL 中的栈做辅助结构实现拓扑排序算法。

6.8　中级实验 2

一、实验目的

掌握关键路径算法。

二、实验内容

编写程序实现关键路径算法,要求如下。

(1) 用邻接表表示图,计算事件可能的最早发生时间;

(2) 用逆邻接表表示图,计算事件允许的最迟发生时间;

(3) 求出关键路径。

三、参考代码

1．本程序的文件结构

本程序的文件结构如图 6-15 所示，说明如下。

（1）graphlistutil.c 与 graphlistutil.h：实现的是图的
邻接表结构以及有关邻接表处理图的一些辅助函数，具体
参见 6.2 节的初级实验 2。

（2）graphinverselistutil.c 与 graphinverselistutil.h：
实现的是图的逆邻接表结构以及有关逆邻接表处理图的一
些辅助函数。

（3）linkstack.c 与 linkstack.h：栈的实现。在求关键
路径时会使用栈做辅助结构，这里的栈可以使用自己实现
的，也可以使用 STL 中的。linkstack.c 与 linkstack.h 的
实现具体参见前面的章节。

（4）criticalpath.c 与 criticalpath.h：实现图的关键路

图 6-15　程序的文件结构图

径算法，其中需要用到图的邻接表结构和辅助函数，需要用到图的逆邻接表结构和辅助函
数，同时还需要栈做辅助结构，因此需要包含 graphlistutil.h、graphinverselistutil.h 以及
linkstack.h。

（5）main.c：在该文件中写了主函数，调用求图的关键路径算法函数，因此需要包含
criticalpath.h。

2．图的逆邻接表以及辅助函数

（1）graphinverselistutil.h。

```
1   #ifndef GRAPHINVERSELISTUTIL_H
2   #define GRAPHINVERSELISTUTIL_H
3   typedef struct  GRAPHINVERSELISTNODE_STRU
4   {
5       int nodeno;                                  //图中结点的编号
6       int weight;                                  //图中边的权值
7       struct  GRAPHINVERSELISTNODE_STRU * next;    //指向下一个结点的指针
8   }GraphInverseListNode;
9   typedef struct  GRAPHINVERSELIST_STRU
10  {
11      int size;                                    //图中结点的个数
12      GraphInverseListNode * graphInverseListArray; //图的逆邻接表
13  }GraphInverseList;
14  //函数功能:初始化图
15  //输入参数 num:图中结点的个数
16  //返回值:用逆邻接表表示的图
17  GraphInverseList * InitInverseGraph(int num);
18  //函数功能:将数据读入图中
19  //输入参数 graphInverseList:图
```

```
20    void ReadInverseGraph(GraphInverseList * graphInverseList);
21    //函数功能:将图的结构显示出来
22    //输入参数 graphInverseList:图
23    void WriteInverseGraph(GraphInverseList * graphInverseList);
24    #endif
```

(2) graphinverselistutil. c。

```
1     #include < stdlib. h >
2     #include < stdio. h >
3     #include "graphinverselistutil.h"
4     GraphInverseList *  InitInverseGraph(int num)                    //初始化图
5     {
6         int i;
7         GraphInverseList * graphInverseList = (GraphInverseList  * )malloc(sizeof(GraphInverseList));
8         graphInverseList - > size = num;
9         graphInverseList - > graphInverseListArray
10            = (GraphInverseListNode * )malloc(sizeof(GraphInverseListNode) * num);
11        for (i = 0; i < num; i++)
12        {
13            graphInverseList - > graphInverseListArray[ i]. next = NULL;
14            graphInverseList - > graphInverseListArray[ i]. nodeno = i;
15        }
16        return graphInverseList;
17    }
18    void ReadInverseGraph(GraphInverseList * graphInverseList)    //将数据读入图中
19    {
20        int vexBegin, vexEnd, weight;
21        GraphInverseListNode * tempNode = NULL;
22        //输入方式为起点 终点 边上权值,点为 - 1,则输入结束
23        printf("请输入,输入方式为起点 终点 边上权值,点为 - 1,则输入结束\n");
24        scanf(" % d % d % d", &vexBegin, &vexEnd, &weight);
25        while(vexBegin > = 0 && vexEnd > = 0)
26        {
27            tempNode = (GraphInverseListNode * )malloc(sizeof(GraphInverseListNode));
28            tempNode - > nodeno = vexBegin;
29            tempNode - > weight = weight;
30            tempNode - > next = NULL;
31            //寻找到要插入结点的地方,这里为了方便就放在头部
32            tempNode - > next = graphInverseList - > graphInverseListArray[ vexEnd]. next;
33            graphInverseList - > graphInverseListArray[ vexEnd]. next =  tempNode;
34            scanf(" % d % d % d", &vexBegin, &vexEnd, &weight);
35        }
36    }
37    void WriteInverseGraph(GraphInverseList * graphInverseList)  //显示图
38    {
39        int i;
40        GraphInverseListNode * tempNode = NULL;
41        for (i = 0; i < graphInverseList - > size; i++)
42        {
43            //输出每条链表的结点
```

```
44          tempNode = graphInverseList->graphInverseListArray[i].next;
45          while(tempNode!= NULL)
46          {
47              printf("结点%d和%d相连,权值为%d\n",tempNode->nodeno, i, tempNode->weight);
48              tempNode = tempNode->next;
49          }//end while(tempNode!= NULL)
50      }//end for (i = 0; i < graphInverseList->size; i++)
51  }
```

3. 图的关键路径算法

（1）criticalpath. h。

```
1   #ifndef CRITICALPATH_H_
2   #define CRITICALPATH_H_
3   #include "graphlistutil.h"
4   #include "graphinverselistutil.h"
5   //函数功能:事件可能的最早发生时间
6   //输入参数 graphList:用邻接表表示的图
7   //用作返回值的输入参数 earliestTime:事件可能的最早发生时间
8   //返回值:是否成功,1 表示成功,0 表示失败
9   int eventEarliestTime(GraphList * graphList, int * earliestTime);
10  //函数功能:事件允许的最迟发生时间
11  //输入参数 graphInverseList:用逆邻接表表示的图
12  //用作返回值的输入参数 latestTime:事件允许的最迟发生时间
13  //返回值:是否成功,1 表示成功,0 表示失败
14  int eventLatestTime(GraphInverseList * graphInverseList, int * latestTime);
15  //函数功能:求图的关键路径
16  //输入参数 graphList:用邻接表表示的图
17  //输入参数 graphInverseList:用逆邻接表表示的图
18  void criticalPath(GraphList * graphList, GraphInverseList * graphInverseList);
19  #endif
```

（2）criticalpath. c。

```
1   #include <stdio.h>
2   #include <stdlib.h>
3   #include "linkstack.h"
4   #include "graphlistutil.h"
5   #include "graphinverselistutil.h"
6   //事件可能的最早发生时间
7   int eventEarliestTime(GraphList * graphList, int * earliestTime)
8   {
9       int i,cnt,nodeNum;
10      int success = 1;
11      LinkStack nodeStack = NULL;
12      GraphListNode * tempNode = NULL;
13      int * inPoint = (int *)malloc(sizeof(int) * graphList->size);
14      nodeStack = SetNullStack_Link();
15      for (i = 0; i < graphList->size; i++)
16          inPoint[i] = 0;
```

```
17        for (i = 0; i < graphList -> size; i++)        //计算点的入度
18        {
19            tempNode = graphList -> graphListArray[i].next;
20            while(tempNode!= NULL){
21                inPoint[tempNode -> nodeno]++;
22                tempNode = tempNode -> next;
23            }
24        }
25        for(i = 0; i < graphList -> size; i++)        //将入度为 0 的顶点入栈
26            if (inPoint[i] == 0)
27                Push_link(nodeStack, i);
28        cnt = 0;
29    //如果记录结点的栈不为空
30        while(!IsNullStack_link(nodeStack))
31        {
32            //取栈顶元素,获得边的起点,该事件可能的最早发生时间已经能定下
33            nodeNum = Top_link(nodeStack);
34            Pop_link(nodeStack);
35            cnt++;
36            //检查 nodeNum 的出边,将每条出边的终端顶点的入度减 1,若减后该顶点的入度为 0,入栈
37            tempNode = graphList -> graphListArray[nodeNum].next;
38            while(tempNode!= NULL)
39            {
40                inPoint[tempNode -> nodeno] -- ;    //nodeNum 的出边的终端顶点入度减 1
41                //为每条出边的终点事件更新可能的最早发生时间
42                if (earliestTime[tempNode -> nodeno]< earliestTime[nodeNum] + tempNode -> weight)
43                {
44                    earliestTime[tempNode -> nodeno] = earliestTime[nodeNum] + tempNode -> weight;
45                }
46                if (inPoint[tempNode -> nodeno] == 0)    //该事件可能的最早发生时间已能定下
47                    Push_link(nodeStack, tempNode -> nodeno);    //入栈
48                tempNode = tempNode -> next;
49            }//end while(tempNode!= NULL)
50        }//end while(!IsNullStack_link(nodeStack))
51        if (cnt!= graphList -> size)
52            success = 0;
53        return success;
54    }
55    //事件允许的最迟发生时间
56    int eventLatestTime(GraphInverseList * graphInverseList, int * latestTime)
57    {
58        int i,cnt,nodeNum;
59        int success = 1;
60        LinkStack nodeStack = NULL;
61        GraphInverseListNode * tempNode = NULL;
62        int * outPoint = (int * )malloc(sizeof(int) * graphInverseList -> size);
63        nodeStack = SetNullStack_Link();
64        for (i = 0; i < graphInverseList -> size; i++)
65            outPoint[i] = 0;
66        for (i = 0; i < graphInverseList -> size; i++)    //计算点的出度
67        {
```

```
68          tempNode = graphInverseList - > graphInverseListArray[i].next;
69          while(tempNode!= NULL)
70          {
71              outPoint[tempNode - > nodeno]++;
72              tempNode = tempNode - > next;
73          }
74      }
75      for(i = 0; i < graphInverseList - > size; i++)    //将出度为 0 的顶点入栈
76          if (outPoint[i] == 0)
77              Push_link(nodeStack, i);
78      cnt = 0;
79      //如果记录结点的栈不为空
80      while(!IsNullStack_link(nodeStack))
81      {
82          //取栈顶元素,获得边的终点,该事件允许的最迟发生时间已经能定下
83          nodeNum = Top_link(nodeStack);
84          Pop_link(nodeStack);
85          cnt++;
86          //检查 nodeNum 的入边,将每条入边的起点的出度减 1,若该顶点的出度为 0,入栈
87          tempNode = graphInverseList - > graphInverseListArray[nodeNum].next;
88          while(tempNode!= NULL)
89          {
90              outPoint[tempNode - > nodeno] --;        //起点的出度减 1
91              //为每条入边的起点事件更新允许的最迟发生时间
92              if (latestTime[tempNode - > nodeno]> latestTime[nodeNum] - tempNode - > weight)
93              {
94                  latestTime[tempNode - > nodeno] = latestTime[nodeNum] - tempNode - > weight;
95              }
96              //如果去掉出边后出度为 0,则点入栈
97              if (outPoint[tempNode - > nodeno] == 0)
98                  Push_link(nodeStack, tempNode - > nodeno);
99              tempNode = tempNode - > next;
100         }//end while(tempNode!= NULL)
101     }//end while(!IsNullStack_link(nodeStack))
102     if (cnt!= graphInverseList - > size)
103         success = 0;
104     return success;
105 }
106 //求图的关键路径
107 void criticalPath(GraphList * graphList, GraphInverseList * graphInverseList)
108 {
109     int i;
110     int max;
111     int * earliestTime = (int * )malloc(sizeof(int) * graphList - > size);
112     int * latestTime = (int * )malloc(sizeof(int) * graphInverseList - > size);
113     int activityEarliestTime;
114     int activityLatestTime;
115     GraphListNode * tempNode = NULL;
116     //初始化所有事件可能的最早发生时间为 0
117     for(i = 0; i < graphList - > size; i++)
118         earliestTime[i] = 0;
```

```
119    //求事件可能的最早发生时间
120    eventEarliestTime(graphList, earliestTime);
121    //求事件最早发生时间的最大值,方便后面设置事件允许的最迟发生时间的初值
122    max = earliestTime[0];
123    for (i = 0; i < graphList -> size; i++)
124        if (max < earliestTime[i])
125            max = earliestTime[i];
126    //初始化所有事件允许的最迟发生时间为最大值
127    for(i = 0; i < graphInverseList -> size; i++)
128        latestTime[i] = max;
129    //求事件允许的最迟发生时间
130    eventLatestTime(graphInverseList, latestTime);
131    //遍历每条边,求每条边的最早开始时间和最晚开始时间,并对比
132    for (i = 0; i < graphList -> size; i++)
133    {
134        tempNode = graphList -> graphListArray[i].next;
135        while(tempNode != NULL)
136        {
137            activityEarliestTime = earliestTime[i];
138            activityLatestTime = latestTime[tempNode -> nodeno] - tempNode -> weight;
139            //相等则为关键路径上的边
140            if (activityEarliestTime == activityLatestTime)
141                printf("< v % 2d,v % 2d >", i, tempNode -> nodeno);
142            tempNode = tempNode -> next;
143        }//end while(tempNode != NULL)
144    }//end for (i = 0; i < graphList -> size; i++)
145 }
```

4. main.c

在主函数中调用求关键路径的算法函数进行测试。

```
1     # include < stdio.h >
2     # include "graphlistutil.h"
3     # include "criticalpath.h"
4     # include "graphinverselistutil.h"
5     int main(void)
6     {
7         GraphList * graphList = InitGraph(8);
8         GraphInverseList * graphInverseList = InitInverseGraph(9);
9         int result = 0;
10        ReadGraph(graphList);                    //读入并构造图的邻接表
11        WriteGraph(graphList);
12        ReadInverseGraph(graphInverseList);      //读入并构造图的逆邻接表
13        WriteInverseGraph(graphInverseList);
14        criticalPath(graphList, graphInverseList); //关键路径
15        return 0;
16    }
```

5. 测试用例和测试结果

测试用例及运行结果截图如图 6-16 所示。

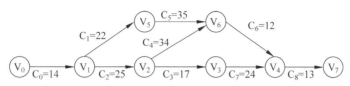

图 6-16　测试用例及运行截图

四、扩展延伸

完全采用邻接表表示图，实现关键路径算法。

6.9　中级实验 3

一、实验目的

掌握图的六度空间算法。

二、实验内容

采用邻接矩阵表示图,实现图的六度空间算法,并输出结果。

问题描述:

"六度空间"理论又称为"六度分隔(Six Degrees of Separation)"理论。这个理论可以通俗地阐述为"你和任何一个陌生人之间所间隔的人不会超过 6 个,也就是说,最多通过 5 个人你就能够认识任何一个陌生人。"假如给你一个社交网络图,请对每个结点计算符合"六度空间"理论的结点占结点总数的百分比。

输出格式:

对每个结点输出与该结点距离不超过 6 的结点数占结点总数的百分比,精确到小数点后两位。每个结点输出一行,格式为"结点编号:百分比%"。

提示:

(1) 使用图的广度优先搜索进行。每遍历一圈,就加深一层,直到深度为 6 为止,可以在每一层遍历时把那一层的最后一个元素用一个变量记录下来。具体来说,可以将刚刚从队列中取出的结点的下一层都访问后再判断刚从队列中取出的结点是否为这一层的最后结点,如果是,那么刚才最后访问的点就是下一层的最后一个结点。

(2) 可以考虑使用 C++的 STL 中的队列方便算法的实现。

三、参考代码

1. 本程序的文件结构

本程序的文件结构如图 6-17 所示,说明如下。

(1) 本程序使用 STL(标准模板库,C++)中的队列。STL 中队列的使用方式简单,因为本程序使用了 C++中的 STL,所以源文件需要是.cpp 文件。

(2) graphmatrixutil.cpp 与 graphmatrixutil.h:实现的是图的邻接矩阵结构以及有关邻接矩阵处理图的一些辅助函数,具体参见 6.1 节的初级实验 1。

(3) sixdegree.cpp 与 sixdegree.h:实现的是图的六度空间的函数。

图 6-17　程序的文件结构图

(4) main.cpp:在该文件中写了主函数,调用六度空间函数,因此需要包含 sixdegree.h。

2. 使用 bfs 验证六度空间设想

(1) sixdegree.h。

```
1    # ifndef SIXDEGREE_H_
2    # define SIXDEGREE_H_
3    # include "graphmatrixutil.h"
4    //函数功能:使用 bfs 验证六度空间思想,这里是对单个结点进行探查
5    //输入参数 source:起点
6    //输入参数 graphMatrix:图
```

```
7   //返回值:符合六度空间的结点个数
8   int BFS(int source,GraphMatrix * graphMatrix);
9   //函数功能:对图中所有结点进行六度空间思想验证,并输出
10  //输入参数 graphMatrix:图
11  void SixDegreeofSeperation(GraphMatrix * graphMatrix);
12  #endif
```

(2) sixdegree.cpp。

```
1   #include "graphmatrixutil.h"
2   #include<stdlib.h>
3   #include<queue>              //使用 STL 中的队列
4   using namespace std;
5   //使用 bfs 验证六度空间思想,这里是对单个结点进行探查
6   int BFS(int source,GraphMatrix * graphMatrix)
7   {
8       //用于保存点是否已经被访问过的信息
9       int * visited = (int *)malloc(sizeof(int) * graphMatrix -> size);
10      int last = source;       //用 last 保存上一层最后访问的结点
11      int tail = source;       //用 tail 来记录当前最后访问结点
12      queue<int> myQueue;      //结点队列,广度优先访问
13      int cnt = 1;             //在 6 层内能访问到的结点个数,最后这个值用于返回,自身也算
14      int level = 0;           //访问层数,当访问层数>6 时可以结束广度优先搜索算法
15      int visitNow;            //当前访问的结点
16      int i;                   //循环变量
17      //先将保存结点是否被访问的数组清 0
18      for(i = 0; i < graphMatrix -> size; i++)
19          visited[i] = 0;
20      myQueue.push(source); //将图的源点放入队列
21      visited[source] = 1;
22      //广度优先搜索
23      while(!myQueue.empty())
24      {
25          //从队列中取出一个结点,用于对其下一层结点进行访问
26          visitNow = myQueue.front();
27          myQueue.pop();
28          //访问与队列中刚取出的结点直接相连的结点
29          for(i = 0;i < graphMatrix -> size;i++)
30          {
31              //如果两点有边相连,并且没有被访问过,则访问
32              if(graphMatrix -> graph[visitNow][i] == 1 && visited[i] == 0)
33              {
34                  visited[i] = 1;
35                  myQueue.push(i);
36                  cnt++;
37                  tail = i; //动态记录在访问过程中最后访问的结点
38              }
39          }//end for(i = 0;i < graphMatrix -> size;i++)
40          //将刚刚从队列中取出的结点的下一层都访问后
```

```
41          //再判断刚从队列中取出的结点是否为这一层的最后结点
42          if(visitNow == last)
43          {
44              last = tail;
45              level++;
46          }
47          if(level == 6)
48              break;
49      }//end while(!myQueue.empty())
50      return cnt;
51  }
52  //对图中所有结点进行六度空间思想验证,并输出
53  void SixDegreeofSeperation(GraphMatrix * graphMatrix)
54  {
55      int i;
56      int cnt;
57      for(i = 0; i < graphMatrix -> size; i++)
58      {
59          cnt = BFS(i,graphMatrix);
60          printf("%d:%.2f\n", i, cnt * 100.0/graphMatrix -> size);
61      }
62  }
```

3. main.c

在主函数中调用验证六度空间的函数进行测试。

```
1   # include < stdio.h>
2   # include "sixdegree.h"
3   int main(void)
4   {
5       GraphMatrix * graphMatrix = NULL;
6       graphMatrix = InitGraph(10);
7       ReadGraph(graphMatrix);
8       //调用验证六度空间的函数
9       SixDegreeofSeperation(graphMatrix);
10      return 0;
11  }
```

4. 测试用例和测试结果

测试用例及运行结果图如图 6-18 所示。

四、扩展延伸

在参考代码中采用 STL 中的队列做辅助结构,请使用自己实现的队列做辅助结构实现图的六度空间算法。

图 6-18 测试截图

6.10 高级实验

一、实验目的

掌握中国邮递员算法。

二、实验内容

邮递员投递区如图 6-19 所示。问题描述如下：邮递员从邮局（★）出发走遍每条街道，最后返回邮局，邮递员应按怎样的顺序投递才能使经过的路径长度最小？本题的原型是著名的"一笔画"问题。根据图论的定理可知，任何一个图若要能一笔画成，则必须同时满足两个条件，一是该图是连通的；二是图中度数为奇数的点（又称为奇度点）的个数不多于两个。

图中共有 A、C、E、F、G、H、J、L 等 8 个奇度点，因此该图不能一笔画成，即邮递员从邮局出发，要想走遍所有街道，某些街道必定会重复经过。所以，此问题的关键在于如何向图中"添加"若干条代价最小的边，使得此图最终满足一笔画成的条件。要解决此问题，可转换为以下两个具体问题：

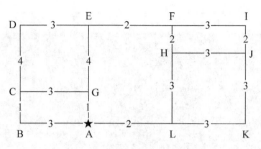

图 6-19　邮递员投递街区图

其一,"添加"哪些边?

显然,"添加"的边所依附的顶点必须均是奇度点。图中有 8 个奇度点,可以组合成 4 条边,这样使得奇度点的个数为 0 个。

其二,如何选择代价最小的边?

因为图中 8 个奇度点组合成 4 条边的情形有很多种,所以要分别求出每种组合形成的边的代价,然后从中选出代价最小的边。

另外,在此问题中边的"添加"应该理解为从一个奇度点到另一个奇度点之间的路径。

"邮递员"问题的算法描述如下。

① 建立街区无向网的邻接矩阵;

② 求各顶点的度数;

③ 求出所有奇度点;

④ 求出每一个奇度点到其他奇度点的最短路径;

⑤ 找出距离最短的添加方案;

⑥ 根据最佳方案添加边,对图进行修改,使之满足一笔画成的条件;

⑦ 对图进行一笔画,并输出。

提示:

① 本问题中的前 4 问属于较简单的问题,需要注意的是第 4 问,除了要求出最短路径的长度是多少外,还需要求出具体的最短路径(具体来说就是该最短路径途中经过哪些点,简单的做法是将路径中点的前驱记录下来)。

② 但是当找出奇度点,并求出所有奇度点之间的最短距离后,需要找出距离最短的添加方案,通过边的添加,能让奇度点不再存在。添加边,需要找到代价最小的方案,寻找的最简单的方法就是穷举法,将所有的排列组合列出,然后找到值最小的方案。

③ 找到需要连接的点,在添加边的时候需要考虑找到的值最小的方案中有可能需要连接的两个奇度点之间原本就是经过其他点连接的,这时添加的边也是需要经过其他点进行添加。

④ 添加边,在代码中可以用一个跟邻接矩阵规模性质一样的二维数组 edgeCnt 表示,数组中元素的值表示边的数量。假如 edgeCnt[0][11]=2,则表示点 0 和点 11 之间有两条边。这个二维数组在后面的一笔画求欧拉回路的时候还会用到。

三、参考代码

1. 本程序的文件结构

本程序的文件结构如图 6-20 所示,说明如下。

(1) graphmatrixutil.c 与 graphmatrixutil.h:实现的是
图的邻接矩阵结构以及有关邻接矩阵处理图的一些辅助函
数。其大部分实现与 6.1 节初级实验 1 中图的邻接矩阵的实
现相同,但是这里为了方便图的读入,增加了一个读图的
函数。

(2) linkstack.c 与 linkstack.h:在实现欧拉回路时用
到,具体实现参见前面的章节。

(3) main.c:在该文件中具体实现了中国邮递员算法,因
此需要包括 graphmatrixutil.h 和 linkstack.h。

图 6-20 程序的文件结构图

2. 图的邻接矩阵以及辅助函数

图的邻接矩阵以及辅助函数与前面实验中图的邻接矩阵表示大致相同,仅仅增加了读
图函数 ReadGraphMatrix。

(1) graphmatrixutil.h。

```
1   #ifndef GRAPHMATRIXUTIL_H_
2   #define GRAPHMATRIXUTIL_H_
3   //图的邻接矩阵表示
4   typedef struct  GRAPHMATRIX_STRU
5   {
6       int size;          //图中结点的个数
7       int ** graph;       //用二维数组保存图
8   }GraphMatrix;
9   //函数功能:初始化图
10  //输入参数 num:图中结点的个数
11  //返回值:用邻接矩阵表示的图
12  GraphMatrix * InitGraph(int num);
13  //函数功能:将数据读入图中
14  //输入参数 graphMatrix:图
15  void ReadGraph(GraphMatrix * graphMatrix);
16  //函数功能:将数据读入图中,该数据是用二维数组数据形式表示的
17  //输入参数 graphMatrix:图
18  void ReadGraphMatrix(GraphMatrix * graphMatrix);
19  //函数功能:将图的结构显示出来
20  //输入参数 graphMatrix:图
21  void WriteGraph(GraphMatrix * graphMatrix);
22  #endif
```

(2) graphmatrixutil.c。

```
1   #include <stdio.h>
```

```
2      # include < stdlib. h>
3      # include "graphmatrixutil. h"
4      GraphMatrix *  InitGraph( int num)              //初始化图
5      {
6          int i, j;
7          GraphMatrix * graphMatrix = (GraphMatrix * )malloc(sizeof(GraphMatrix));
8          graphMatrix -> size = num;              //图中结点的个数
9          //给图分配空间
10         graphMatrix -> graph = (int ** )malloc(sizeof(int * ) * graphMatrix -> size);
11         for (i = 0; i < graphMatrix -> size; i++)
12             graphMatrix -> graph[i] = (int * )malloc(sizeof(int) * graphMatrix -> size);
13         //给图中所有元素设置初值
14         for (i = 0; i < graphMatrix -> size; i++)
15             for(j = 0; j < graphMatrix -> size; j++)
16                 graphMatrix -> graph[i][j] = INT_MAX;
17         return graphMatrix;
18     }
19     void ReadGraph( GraphMatrix * graphMatrix)       //将数据读入图中
20     {
21         int vex1, vex2, weight;
22         //输入方式为点 点 权值,权值为 0,则输入结束
23         printf("请输入,输入方式为点 点 权值,权值为 0,则输入结束\n");
24         scanf(" % d % d % d", &vex1, &vex2, &weight);
25         while(weight!= 0)
26         {
27             graphMatrix -> graph[vex1][vex2] = weight;
28             scanf(" % d % d % d", &vex1, &vex2, &weight);
29         }
30     }
31     //将数据读入图中,该数据是用二维数组数据形式表示的。在主函数中将使用该函数读入图的结构
32     void ReadGraphMatrix( GraphMatrix * graphMatrix)
33     {
34         int i, j;
35         printf("请输入图的结构,按照邻接矩阵的方式,其中点之间无边则用 1000 表示\n");
36         for (i = 0; i < graphMatrix -> size; i++)
37             for (j = 0; j < graphMatrix -> size; j++)
38                 scanf(" % d", &graphMatrix -> graph[i][j]);
39     }
40     void WriteGraph( GraphMatrix * graphMatrix)      //将图的结构显示出来
41     {
42         int i, j;
43         printf("图的结构如下,输出方式为点,点,权值\n");
44         for (i = 0; i < graphMatrix -> size; i++)
45             for (j = 0; j < graphMatrix -> size; j++)
46                 if (graphMatrix -> graph[i][j] < INT_MAX)
47                     printf(" % d, % d, % d\n", i, j, graphMatrix -> graph[i][j]);
48     }
```

3. main. c

在主函数中具体实现中国邮递员算法。

```
1    # include < stdlib. h>
2    # include < stdio. h>
3    # include "linkstack. h"
4    # include "graphmatrixutil. h"
5    # define graph_size 12
6    # define infinity 10000                          //自己定义最大值
7    int a[20],v[20],n;                              //求组合边最小值时用到
8    //为了简单,直接初始化为 0,其实初始化为无穷更好
9    //该二维数组只是为了保存每一个奇度点到其他点的最短路径
10   int oddDist[graph_size][graph_size] = {0};
11   int oddDistPre[graph_size][graph_size] = {0};    //路径前驱结点
12   int oddArray[graph_size] = {0};                  //用于存放所有奇度点的编号
13   int minDist = infinity;                          //求组合边最小值时用
14   int oddArrayChoose[graph_size] = {0};            //存放的是距离和最小的排列
15   int cntOdd = 0;                                  //统计奇度点的个数
16   //求组合边最小值的函数。先排列组合各方案,然后从中找出距离最短的方案
17   void dfsmin(int dep)
18   {
19       int i;
20       int j;
21       int sum;
22       if (dep == n)
23       {
24           //如果搜到一个结果输出,测试一下是不是最小值
25           sum = 0;
26           for(i = 1;i <= cntOdd/2;i++)
27               sum = sum + oddDist[oddArray[a[i * 2 - 1] - 1]][oddArray[a[i * 2] - 1]];
28           if(sum < minDist)
29           {
30               minDist = sum;
31               for(j = 0 ;j < cntOdd;j++)
32                   oddArrayChoose[j] = oddArray[a[j + 1] - 1];
33               }//end if(sum < minDist)
34       }//end if (dep == n)
35       dep++;                                       //查找当前要处理位
36       for (i = 1;i <= n;i++)                        //枚举当前位
37       {
38           if (v[i])
39               continue;                            //如果这个数之前被选过就跳过
40           v[i] = 1;                                //选中当前位
41           a[dep] = i;                              //将当前位存入数组
42           dfsmin(dep);                             //搜索下一位
43           v[i] = 0;                                //取消选中当前位
44       }//end for (i = 1;i <= n;i++)
45   }
46   //求最短路径,采用 Dijkstra 算法。为能记录具体路径,采用记录前驱点的方法
47   void set_distances(int source,int distance[],int distPre[],GraphMatrix * graphMatrix)
48   {
49       int v, w;
50       int i;
51       int found[graph_size];                       //标识点是否已经被加入新点集合
```

```
52          for (v = 0; v < graph_size; v++)                //初始化
53          {
54              found[v] = 0;
55              distance[v] = graphMatrix -> graph[source][v];
56              if(distance[v] == infinity)
57                  distPre[v] = -1;
58              else
59                  distPre[v] = source;
60          }//end for (v = 0; v < graph_size; v++)
61          found[source] = 1;                              //将源点放入点集 S 中
62          distance[source] = 0;
63          for (i = 0; i < graph_size; i++)
64          {
65              //每次添加一个点到新点集合中
66              int min = infinity;                         // #define infinity 10000
67              for (w = 0; w < graph_size; w++)
68              {
69                  if (!found[w])
70                  {
71                      if (distance[w] < min)
72                      {
73                          v = w;
74                          min = distance[w];
75                      }
76                  }//end if (!found[w])
77              }//end for (w = 0; w < graph_size; w++)
78              found[v] = 1;
79              //经过新点可能距离更短，更新距离
80              for (w = 0; w < graph_size; w++)
81              {
82                  if (!found[w])
83                  {
84                      if (min + graphMatrix -> graph[v][w] < distance[w])
85                      {
86                          distance[w] = min + graphMatrix -> graph[v][w];
87                          distPre[w] = v;
88                      }
89                  }//end if (!found[w])
90              }//end for (w = 0; w < graph_size; w++)
91          }//end for (i = 0; i < graph_size; i++)
92      }//end function
93      //求欧拉回路时用深度优先算法画圈
94      void dfs(int x, LinkStack linkStack, int edgeRunCnt[][graph_size])
95      {
96          int i;
97          Push_link(linkStack, x);
98          for(i = 0; i < graph_size; i++)
99          {
```

```
100          if(edgeRunCnt[x][i] >= 1)
101          {
102              edgeRunCnt[x][i] -- ;
103              edgeRunCnt[i][x] -- ;
104              dfs(i, linkStack, edgeRunCnt);
105              break;
106          }//end if(edgeRunCnt[x][i] >= 1)
107      }//end for(i = 0; i < graph_size; i++)
108 }
109 //欧拉回路
110 void euler(int x, int edgeRunCnt[][graph_size])
111 {
112      int i;
113      int k;
114      int temp;
115      LinkStack linkStack = SetNullStack_Link();
116      Push_link(linkStack, x);                    //起点入栈
117      while(!IsNullStack_link(linkStack))
118      {
119          k = 0;
120          //判断是否可以扩展
121          temp = Top_link(linkStack);
122          for(i = 0; i < graph_size; i++)
123          {
124              //若存在一条从 temp 出发的边,那么就是可扩展
125              if(edgeRunCnt[temp][i] >= 1)
126              {
127                  k = 1;
128                  break;
129              }//end if(edgeRunCnt[temp][i] >= 1)
130          }//end for(i = 0; i < graph_size; i++)
131          if(k == 0)            //该点没有其他的边可以走了(即不可扩展),那么就输出它
132          {
133              printf(" % c ", 'A' + temp);
134              Pop_link(linkStack);
135          }
136          else if(k == 1)        //如果可扩展,则 dfs 可扩展哪条路线
137          {
138              Pop_link(linkStack);
139              dfs(temp, linkStack, edgeRunCnt);    //用深度优先算法扩展
140          }
141      }//end while(!IsNullStack_link(linkStack))
142 }
143 //在主函数中按步骤实现中国邮递员问题
144 int main(void)
145 {
146      int i, j;
147      GraphMatrix * graphMatrix = NULL;
```

```
148        int degree[graph_size] = {0};              //存放各点度数的一维数组
149        int isOdd[graph_size] = {0};               //用 1 表示该点是奇度点
150        int cntEdge = 0;                           //边数
151        //定义一个二维数组,用于存放每条边会被走多少次,因有添加边,所以有边会走多次
152        int edgeRunCnt[graph_size][graph_size] = {0};
153        int beginVex = 0;
154        int preBeginVex = -1;
155        //① 建立街区无向网的邻接矩阵
156        graphMatrix = InitGraph(12);
157        ReadGraphMatrix(graphMatrix);
158        //②求各顶点的度数
159        for(i = 0; i < graph_size; i++)
160            for(j = 0; j < graph_size; j++)
161                if(graphMatrix -> graph[i][j]!= infinity)
162                    degree[i]++;
163        //③求出所有奇度点,设置数组,数组中的元素为 1,则该元素下标对应顶点为奇数顶点
164        for(i = 0; i < graph_size; i++)
165        {
166            if(degree[i] % 2!= 0 )
167            {
168                isOdd[i] = 1;
169                oddArray[cntOdd] = i;              //将奇度点的编号放入该数组中
170                cntOdd++;
171            }                                      //end if(degree[i] % 2 != 0 )
172        }                                          //end for(i = 0;i < graph.size;i++)
173        //④求出每一个奇度点到其他奇度点的最短路径
174        //方案一:提取出奇度点到奇度点的邻接矩阵,对奇度点之间单独计算最短路径
175        //方案二:求每个奇度点到所有点的最短路径,其中就包括了想要的结果,下面采用方案二
176        //为了简单,直接初始化为 0,其实初始化为无穷更好
177        //该二维数组只是为了保存每一个奇度点到其他点的最短路径
178        //int oddDist[graph_size][graph_size] = {0};
179        //int oddDistPre[graph_size][graph_size] = {0};
180        //仅仅需要处理奇度点
181        for(i = 0; i < graph_size; i++)
182            if(isOdd[i] == 1)
183                set_distances(i,oddDist[i],oddDistPre[i], graphMatrix);
184        //计算原有边数,用于后面一笔画的循环控制
185        for(i = 0; i < graph_size; i++)
186            for(j = 0; j < graph_size; j++)
187                if(graphMatrix -> graph[i][j]!= infinity)
188                    cntEdge++;
189        cntEdge = cntEdge/2;                        //因为前面重复计算了,所以现在除以 2
190        printf("原来有 %d 条边\n",cntEdge);
191        cntEdge += cntOdd/2;
192        //⑤找出距离最短的添加方案
193        //采用 dfs 算法,先排列组合各个方案,然后从中找出距离最短的方案
194        //这个方案是最优解,但是耗时
195        n = cntOdd;
```

```
196        dfsmin(0);                          //调用函数求最优添加方案添加总路径(最短组合)
197        printf("添加%d条边如下:\n",cntOdd/2);
198        for(i=0;i<cntOdd/2;i++)
199        {
200            printf("%c-- - %c,权值为%d\n",
201                    'A'+oddArrayChoose[i*2],'A'+oddArrayChoose[i*2+1],
202                    oddDist[oddArrayChoose[i*2]][oddArrayChoose[i*2+1]]);
203        }
204        printf("\n添加边的权值和为 %d\n",minDist);
205        //⑥根据最佳方案添加边,对图进行修改,使之满足一笔画成的条件
206        //计算每条边会被走多少次,每条边会走次数 = 原始次数 + 新添加次数
207        //原始要走的
208        for(i=0;i<graph_size;i++)
209            for(j=0;j<graph_size;j++)
210                if(graphMatrix->graph[i][j]!=infinity)
211                    edgeRunCnt[i][j]++;
212        //新添加的边
213        for(i=0;i<cntOdd/2;i++)
214        {
215            j=oddArrayChoose[i*2+1];
216            //一条一条边添加
217            while(oddDistPre[oddArrayChoose[i*2]][j]!=oddArrayChoose[i*2])
218            {
219                edgeRunCnt[j][oddDistPre[oddArrayChoose[i*2]][j]]++;
220                edgeRunCnt[oddDistPre[oddArrayChoose[i*2]][j]][j]++;
221                j=oddDistPre[oddArrayChoose[i*2]][j];
222            }//end while(oddDistPre[oddArrayChoose[i*2]][j]!=oddArrayChoose[i*2])
223            edgeRunCnt[j][oddArrayChoose[i*2]]++;
224            edgeRunCnt[oddArrayChoose[i*2]][j]++;
225        }//end for(i=0;i<cntOdd/2;i++)
226        printf("最后要走的路线(多走的点标出次数)\n");
227        for(i=0;i<graph_size;i++)
228        {
229            for(j=0;j<graph_size;j++)
230            {
231                printf("%d ",edgeRunCnt[i][j]);
232                n=n+edgeRunCnt[i][j];
233            }//end for(j=0;j<graph_size;j++)
234            printf("\n");
235        }//end for(i=0;i<graph_size;i++)
236        printf("最终一笔画的路径如下:\n");
237        //⑦对图进行一笔画,并输出
238        euler(0, edgeRunCnt);              //调用前面写的函数求欧拉回路
239        return 0;
240 }
```

4. 测试用例和测试结果

运行结果截图如图 6-21 所示。

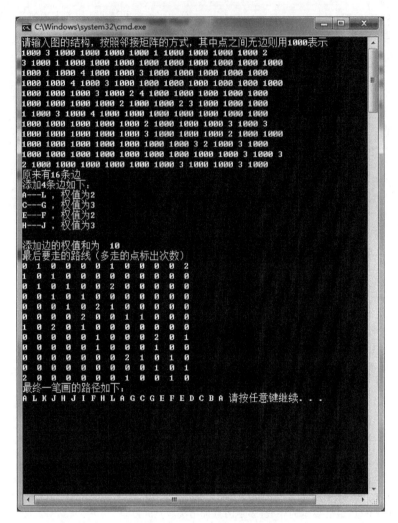

图 6-21　运行结果截图

四、扩展延伸

在参考代码中使用了 Dijkstra 算法求最短路径,请修改为使用 Floyd 算法实现。

第7章

字典

7.1 初级实验

一、实验目的

掌握跳跃链表的建立、查找和删除算法。

二、实验内容

根据跳跃链表的原理实现跳跃链表的建立、查找和删除。

三、参考代码

1. 本程序的文件结构

本程序的文件结构如图 7-1 所示,说明如下。

(1) skiplist. h 和 skiplist. c:共同实现跳跃链表。

(2) main. c:在该文件中写了主函数,调用跳跃链表中的相关算法进行测试,因此需要包含 skiplist. h。

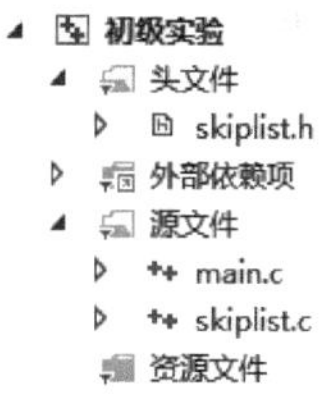

```
▲ 🔲 初级实验
   ▲ 🗂 头文件
      ▷  🖹 skiplist.h
   ▷ 🗂 外部依赖项
   ▲ 🗂 源文件
      ▷ ✦✦ main.c
      ▷ ✦✦ skiplist.c
      📑 资源文件
```

图 7-1 程序的文件结构图

2. 跳跃链表的实现

(1) skiplist. h。

```
1   #ifndef SKIPlIST_H_
2   #define SKIPlIST_H_
3   # include < stdio. h >
4   # include < stdlib. h >
5   #define MAX_LEVEL 6
6   typedef int KeyType;
7   //跳跃链表的结点结构定义
8   typedef struct node
9   {
10      int level;          //结点层数
11      KeyType key;        //结点的值
```

```
12          struct node * next[1];        //指针数组
13      } * PNode;
14      //跳跃链表的结构定义
15      typedef struct SKIPLIST_STRU
16      {
17          int num;                      //跳跃链表的数据个数
18          int maxLevel;                 //跳跃链表的最大层数
19          PNode head;                   //跳跃链表的头指针
20      } * SkipList;
21      //函数功能:创建结点
22      //输入参数 level:层
23      //输入参数 key:关键字
24      //返回值:结点指针
25      PNode CreateNode(int level, KeyType key);
26      //函数功能:创建跳跃链表
27      //输入参数 level :层
28      //返回值:跳跃链表
29      SkipList SetNullSkipList(int level);
30      //函数功能:产生随机层数
31      //输入参数 maxLevel:最大层数
32      //返回值:随机生成的层数
33      int RandomLevel(int maxLevel);
34      //函数功能:插入结点
35      //输入参数 list:跳跃链表
36      //输入参数 key:插入元素
37      //返回值:成功返回 1,否则返回 0
38      int SkipListInsert(SkipList list, KeyType key);
39      //函数功能:按值查找
40      //输入参数 list:跳跃链表
41      //输入参数 key:查找元素
42      //返回值:成功返回 1,否则返回 0
43      PNode SkipListSearch(SkipList list, KeyType key);
44      //函数功能:按值删除
45      //输入参数 list:跳跃链表
46      //输入参数 key:删除元素
47      //返回值:成功返回 1,否则返回 0
48      int SkipListDelete(SkipList list, KeyType key);
49      # endif
```

(2) skiplist.c。

```
1       # include < stdio.h >
2       # include < stdlib.h >
3       # include < time.h >
4       # include " skiplist.h "
5       PNode CreateNode(int level, KeyType key)          //创建结点
6       {
7           PNode p = (PNode)malloc(sizeof(struct node) + sizeof(PNode) * level);
8           if (p == NULL) return NULL;
9           p -> level = level;
10          p -> key = key;
```

```
11          return p;
12  }
13  SkipList SetNullSkipList(int level)                    //创建跳跃链表
14  {
15      SkipList list = (SkipList)malloc(sizeof(SkipList));
16      int i;
17      if (list == NULL)                                  //申请内存失败
18          return NULL;
19      list -> maxLevel = level;                          //跳跃链表的层数
20      list -> num = 0;                     //空跳跃链表时,记录数据个数的计数器赋值 0
21      list -> head = CreateNode(level, - 1);        //头结点的数据域赋值为 - 1
22      if (list -> head == NULL)
23      {
24          free(list);
25          return NULL;
26      }
27      for (i = 0; i < level; i++)
28          list -> head -> next[i] = NULL;                //头结点的每一层的后继为空
29      return list;
30  }
31  int RandomLevel(int maxLevel)                          //产生随机层数
32  {
33      int i = 1;
34      //1≤生成的层数 i≤maxLevel
35      while (i < maxlevel && rand() % 2)
36          i++;
37      return i;
38  }
39  PNode SkipListSearch(SkipList list, KeyType key)  //按值查找
40  {
41      PNode p = NULL, q = NULL;
42      int i, n = 0;
43      p = list -> head;
44      for (i = list -> maxLevel - 1; i >= 0; i-- )
45      {
46          while ((q = p -> next[i]) && (q -> key <= key))
47          {
48              p = q;
49              n++;                                  //记录比较次数
50              if (p -> key == key)
51              {
52                  printf(" % d\n", n);
53                  return p;
54              }//end if (p -> key == key)
55          }//end while ((q = p -> next[i]) && (q -> key <= key))
56      }//end for (i = list -> maxLevel - 1; i >= 0; i-- )
57      return NULL;                                  //没找到,则返回 NULL
58  }
59  int SkipListInsert(SkipList list, KeyType key)     //插入结点
60  {
61      int level = 0;
```

```
62        PNode Pre[MAX_LEVEL];                       //记录每层的前驱结点位置
63        PNode p, q = NULL;
64        int i;
65        p = list－>head;
66        //查找位置,记录前驱结点信息
67        //纵向控制层
68        for (i = list－>maxLevel-1; i > = 0; i－－)
69        {
70            //横向查找插入位置,而 for 循环是纵向移动查找位置
71            while ((q = p－>next[i]) && (q－>key < key))
72                p = q;
73            Pre[i] = p;
74        }
75        //已经存在相同的 key,不能插入
76        if ((q!= NULL) && (q－>key == key)) return 0;
77        level = RandomLevel(list－>maxLevel);        //产生一个随机层数
78        p = CreateNode(level, key);                 //创建新结点
79        if (p == NULL) return 0;
80        //逐层变动指针的指向
81        for (i = 0; i < level; i++)
82        {
83            p－>next[i] = Pre[i]－>next[i];
84            Pre[i]－>next[i] = p;
85        }
86        list－>num++;                                //跳跃链表中记录数据个数的计数器加 1
87        return 1;
88    }
89    int SkipListDelete(SkipList list, KeyType key)   //按值删除
90    {
91        PNode Pre[MAX_LEVEL];
92        PNode p = NULL, q = NULL;
93        int i, k;
94        p = list－>head;
95        k = list－>maxLevel;
96        for (i = k-1; i > = 0; i－－)
97        {
98            while ((q = p－>next[i]) && (q－>key < key))
99                p = q;
100           Pre[i] = p;
101       }//end for (i = k-1; i > = 0; i－－)
102       //存在 key 则进行删除
103       if (q&&q－>key == key)
104       {
105           for (i = 0; i < list－>maxLevel; i++)
106               if (Pre[i]－>next[i] == q)
107                   Pre[i]－>next[i] = q－>next[i];
108           free(q);                                //删除结点,释放空间
109           list－>num－－;                           //跳跃链表的计数器减 1
110           return 1;
111       }//end if (q&&q－>key == key)
112       return 0;
```

113   }

3．main.c

在主函数中测试跳跃链表。

```
1     #include <stdio.h>
2     #include <stdlib.h>
3     #include <time.h>
4     #include "skiplist.h"
5     int main(void)
6     {
7         SkipList zrxSkipList;
8         zrxSkipList = SetNullSkipList(3);
9         SkipListInsert(zrxSkipList, 1);
10        SkipListInsert(zrxSkipList, 20);
11        SkipListInsert(zrxSkipList, 13);
12        SkipListInsert(zrxSkipList, 5);
13        SkipListInsert(zrxSkipList, 8);
14        SkipListInsert(zrxSkipList, 4);
15        SkipListInsert(zrxSkipList, 7);
16        SkipListInsert(zrxSkipList, 21);
17        SkipListInsert(zrxSkipList, 34);
18        SkipListInsert(zrxSkipList, 55);
19        SkipListInsert(zrxSkipList, 89);
20        printf("%d\n", zrxSkipList->num);
21        SkipListDelete(zrxSkipList, 4);
22        printf("%d\n", zrxSkipList->num);
23        SkipListDelete(zrxSkipList, 10);
24        printf("%d\n", zrxSkipList->num);
25        SkipListSearch(zrxSkipList, 13);
26        return 0;
27    }
```

4．测试用例和测试结果

运行结果截图如图 7-2 所示。

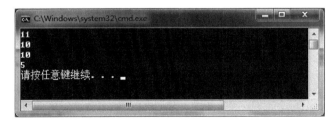

图 7-2   运行结果截图

四、扩展延伸

（1）编写函数，实现按顺序访问跳跃链表。

（2）编写程序，用跳跃链表实现队列。

（3）编写程序，用跳跃链表实现栈。

7.2　中级实验 1

一、实验目的

掌握散列表的建立、查找、删除和插入算法。

二、实验内容

随机生成 10 个 1～100 的随机数，构造散列表存放这些数据。

（1）设计哈希函数，构造散列表；

（2）查找散列表中存放的数据；

（3）从散列表中删除用户指定数据；

（4）往散列表中插入用户指定数据。

三、参考代码

1．本程序的文件结构

本程序的文件结构如图 7-3 所示，说明如下。

（1）openaddresshash.h 和 openaddresshash.c：共同实现散列表。

（2）main.c：在该文件中写了主函数，调用散列表中的相关算法进行测试，因此需要包含 openaddresshash.h。

2．散列表的实现

（1）openaddresshash.h。

```
1    #ifndef OPENADDRESSHASH_H_
2    #define OPENADDRESSHASH_H_
3    typedef int KeyType;
4    typedef char ElementType;
5    //后面算法中假设所有关键字 key 都是大于 0 的整数
6    #define unoccupied -1
7    #define isdelete -2
8    //Hash Table 中的一个元素
9    typedef struct ELEMENT_STRU
10   {
11       KeyType key;                          //关键码
12       ElementType element;                  //数据
13   }Element;
14   //Hash Table
15   typedef struct HASHTABLE_STRU
```

图 7-3　程序的文件结构图

```
16  {
17      int size;                                      //哈希表的最大存储容量
18      Element * data;                                //分配空间后为一维数组
19  }HashTable;
20  //函数功能:哈希函数
21  //输入参数 key:关键字
22  //输入参数 size:哈希表的长度
23  //返回值:哈希表中的位置
24  int h(KeyType key, int size);
25  //函数功能:创建哈希表
26  //输入参数 num:最大存储空间
27  //返回值:哈希表
28  HashTable * CreateHashTable(int num);
29  //函数功能:查找哈希表
30  //输入参数 HashTable:哈希表
31  //输入参数 key:用于查找的关键字
32  //返回值:0 为没有找到,1 为找到
33  int SearchHashTable(HashTable * hashTable, KeyType key, int * position);
34  //函数功能:将元素插入哈希表
35  //输入参数 HashTable:哈希表
36  //输入参数 element:需要插入的元素
37  //返回值:1 为成功插入,0 为插入失败
38  int InsertHashTable(HashTable * hashTable, Element element);
39  //函数功能:从哈希表中删除元素
40  //输入参数 hashTable:哈希表
41  //输入参数 key:用于删除的关键字
42  //返回值:1 为成功删除,0 为删除失败
43  int DeleteHashTable(HashTable * hashTable, KeyType key);
44  //函数功能:显示哈希表中的数据
45  //输入参数 hashTable:哈希表
46  void PrintHashTable(HashTable * hashTable);
47  #endif
```

（2）openaddresshash.c。

```
1   #include < stdio.h >
2   #include < stdlib.h >
3   #include "openaddresshash.h"
4   int h(KeyType key, int size)                       //哈希函数
5   {
6       return key % size;
7   }
8   HashTable * CreateHashTable(int num)               //创建哈希表
9   {
10      HashTable * hashTable = NULL;
11      int i;
12      hashTable = (HashTable * )malloc(sizeof(HashTable)); //分配空间
13      hashTable -> size = num;
14      hashTable -> data = (Element * ) malloc(sizeof(Element) * num);
15      //初始化,将哈希表中的各个元素设置为没有被占用的状态
16      for (i = 0; i < hashTable -> size; i++)
```

```
17              hashTable -> data[i].key = unoccupied;
18          return hashTable;
19      }
20      //查找哈希表
21      int SearchHashTable(HashTable * hashTable, KeyType key, int * position)
22      {
23          int i;                                      //循环变量
24          int pos;                                    //位置
25          int tryPos;                                 //试探位置
26          int cnt = 0;                                //试探次数
27          int returnValue = 0;                        //返回数据,设置初值为没有找到状态 0
28          //记录第一个 unoccupied 位置和第一个 isdelete 位置
29          //用离查找位置最近的作为 position 值
30          int firstUnoccupied = - 1;
31          int firstIsdelete = - 1;
32          int setFirstDelete = 0;                     //在查找过程中是否遇到删除位
33          pos = h(key, hashTable -> size);            //先检测是否直接能找到
34          //最多检索散列表大小次
35          while(cnt < hashTable -> size)
36          {
37              tryPos = (pos + cnt) % hashTable -> size;    //计算试探的位置,循环检测
38              if (hashTable -> data[tryPos].key == key)    //能检测到
39              {
40                  * position = tryPos;
41                  returnValue = 1;
42                  break;                              //找到了要退出循环
43              }
44              //找到第一个空余位置,说明要查找的数据肯定不在散列表中
45              else if (hashTable -> data[tryPos].key == unoccupied)
46              {
47                  firstUnoccupied = tryPos;
48                  break;                              //没有找到要退出循环
49              }
50              //如果找到一个删除位,则要查找的数据可能还在表里面
51              else if (hashTable -> data[tryPos].key == isdelete)
52              {
53                  //只设置第一个遇到的因为删除数据留下的位置
54                  if (!setFirstDelete){
55                      firstIsdelete = tryPos;
56                      setFirstDelete = 1;
57                  }
58              }
59              cnt++;                                  //看看下一个元素
60          } //end while(cnt < hashTable -> size)
61          if (cnt < hashTable -> size)
62          {
63              //哈希表没有查找完,结束循环的两种情况
64              //①找到需要查找的数据,这时 returnValue 值为 1
65              //②发现没有找到数据,肯定是看到 unoccupied 位置了
66              if (returnValue == 0)
67              {
```

```
68          //经过一些被删除数据留下的位置(isdelete)后发现 unoccupied 位置
69              if (setFirstDelete) * position = firstIsdelete;
70          //直接发现 unoccupied 位置
71              else * position = firstUnoccupied;
72          } //end if (returnValue == 0)
73      }
74      else
75      {
76          //哈希表中的所有元素都已经检测完毕,没有发现关键字相等或者 unoccupied 位置
77          //如果找到 isdelete 位,也是可以插入数据的
78          if (setFirstDelete) * position = firstIsdelete;
79          else * position =- 1;              //如果连 isdelete 位置都没有,则说明哈希表满了
80      }//end if (cnt < hashTable - > size)
81      return returnValue;
82  }
83  int InsertHashTable(HashTable * hashTable, Element element) //插入
84  {
85      int find;
86      int pos =- 1;
87      int key = element.key;
88      int returnValue = 0;
89      find = SearchHashTable(hashTable, key, &pos);
90      if (find == 1)
91          printf("该元素已经存在,插入失败\n");
92      else if(pos ==- 1)
93          printf("哈希表中已经无位置,插入失败\n");
94      else
95      {
96          hashTable - > data[pos] = element;
97          returnValue = 1;
98      }
99      return returnValue;
100 }
101 int DeleteHashTable(HashTable * hashTable, KeyType key)   //删除元素
102 {
103     int find;
104     int pos =- 1;
105     int returnValue = 0;
106     find = SearchHashTable(hashTable, key, &pos);
107     if (find == 1)                                 //删除数据
108     {
109         hashTable - > data[pos].key = isdelete;
110         returnValue = 1;
111     }
112     else printf("哈希表中无此元素,删除失败\n");
113     return returnValue;
114 }
115 void PrintHashTable(HashTable * hashTable)          //显示哈希表中的数据
116 {
117     int i;
118     for (i = 0;i < hashTable - > size;i++)
```

```
119       {
120           if (hashTable - > data[i].key == unoccupied) printf("null\t");
121           else if (hashTable - > data[i].key == isdelete) printf("deleted\t");
122           else printf(" % d\t", hashTable - > data[i].key);
123       }//end for (i = 0;i < hashTable - > size;i++)
124   }
```

3. main.c

在主函数中编写代码,测试散列表。

```
1     # include < stdlib.h >
2     # include < stdio.h >
3     # include < time.h >
4     # include "openaddresshash.h"
5     int main(void)
6     {
7         HashTable * hashTable = NULL;
8         int i;
9         Element tempElement;
10        hashTable = CreateHashTable(6);
11        srand( (unsigned)time( NULL ) );
12        //生成 5 个 1~20 的随机数进行插入检测
13        for (i = 0;i < 5;i++)
14        {
15            tempElement.key = rand() % 20 + 1;
16            printf("\n第 % d 次插入 % d\n",i + 1,tempElement.key);
17            InsertHashTable(hashTable,tempElement);
18            PrintHashTable(hashTable);
19        }
20        //随机删除两个元素,再次进行插入检测
21        for (i = 0;i < 2;i++)
22        {
23            tempElement.key = rand() % 20 + 1;
24            printf("\n第 % d 次删除 % d\n",i + 1,tempElement.key);
25            DeleteHashTable(hashTable,tempElement.key);
26            PrintHashTable(hashTable);
27        }
28        //再次随机插入 3 个元素,生成 3 个 1~20 的随机数进行插入检测
29        for (i = 0;i < 3;i++)
30        {
31            tempElement.key = rand() % 20 + 1;
32            printf("\n第 % d 次插入 % d\n",i + 1,tempElement.key);
33            InsertHashTable(hashTable,tempElement);
34            PrintHashTable(hashTable);
35        }
36        return 0;
37    }
```

4. 测试用例和测试结果

运行结果截图如图 7-4 所示。

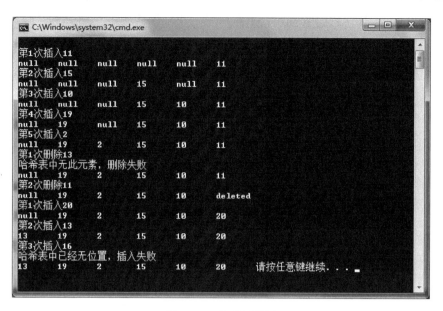

图 7-4　运行结果截图

四、扩展延伸

请思考如何评价哈希函数设计的优劣。

7.3　中级实验 2

一、实验目的

掌握 Merkle 树的建立和数据比较。

二、实验内容

创建两棵 Merkle 树,树结点存放字符串,并比较数据,输出结果。

（1）设计方便的数据结构,创建 Merkle 树;

（2）对生成的 Merkle 树进行遍历;

（3）根据用户输入创建两棵 Merkle 树;

（4）比较这两棵 Merkle 树的结点数据。

三、参考代码

1. 本程序的文件结构

本程序的文件结构如图 7-5 所示,说明如下。

（1）merkletree. h 和 merkletree. cpp:共同实现 Merkle 树,其中使用了 STL 中的队列 queue,所以必须是. cpp 文件。

▲ 🗔 中级实验2
　▲ 📁 头文件
　　▷ 📄 merkletree.h
　▷ 📑 外部依赖项
　▲ 📁 源文件
　　▷ ✦✦ main.cpp
　　▷ ✦✦ merkletree.cpp
　　📑 资源文件

图 7-5　程序的文件结构图

（2）main.cpp：在该文件中写了主函数，调用 Merkle 树中的相关算法进行测试，因此需要包含 merkletree.h。

2. Merkle 树的实现

（1）merkletree.h。

```
1    # ifndef MERKLETREE_H_
2    # define MERKLETREE_H_
3    //Merkle 树结点,其中重要的信息是 hash 码
4    typedef struct MERKLETREENODE_STRU
5    {
6        char * content;                              //hash 码或者是数据内容
7        //指向孩子的指针的指针,根据需要分配,孩子的个数可能会大于两个
8        struct  MERKLETREENODE_STRU ** children;
9        struct  MERKLETREENODE_STRU * parent;         //指向父结点
10   }MerkleTreeNode;
11   //Merkle 树根
12   typedef struct  MERKLETREE_STRU
13   {
14       MerkleTreeNode * root;                        //树根,最终的码
15   }MerkleTree;
16   //函数功能:创建 Merkle 树
17   //输入参数 dataNum:数据个数
18   //输入参数 childNum:每个结点的最多子孩子个数
19   //返回值:Merkle 树
20   MerkleTree * CreateMerkleTree(int dataNum, int childNum);
21   //函数功能:遍历 Merkle 树
22   //输入参数 merkletree:Merkle 树
23   //输入参数 childNum:每个结点的最多子孩子个数
24   void trevelMerkleTree(MerkleTree * merkletree, int childNum);
25   //函数功能:比较两个 Merkle 树,找到不同的数据信息
26   //输入参数 merkletree1:Merkle 树 1
27   //输入参数 merkletree2:Merkle 树 2
28   //输入参数 childNum:每个结点的最多子孩子个数
29   //返回值:0 为两棵树相同,1 为两棵树不同
30   int diffMerkleTree(MerkleTree * merkletree1, MerkleTree * merkletree2,int childNum);
31   # endif
```

（2）merkletree.cpp（因为使用了 STL 中的队列，所以需要是.cpp 文件）。

```
1    # include < stdlib. h >
2    # include < stdio. h >
3    # include < functional >                          //用于获得 hash 函数
4    # include < queue >
5    # include "merkletree.h"
6    # define CONTENTSIZE 20
7    MerkleTree * CreateMerkleTree(int dataNum, int childNum)  //创建 Merkle 树
8    {
9        //采用一个一维数组临时存放每层结点,每层结点不可能超过最底层存放原始数据的结点个数
10       MerkleTreeNode ** levelMerkleTreeNodes = NULL;
```

```
11      MerkleTreeNode * tempTreeNode = NULL;
12      std::hash< std::string > str_hash;
13      std::string tempStr;
14      size_t hashcode;
15      char * buffer = NULL;                                    //用于拼接字符串
16      int i,j;
17   //用于存放每层真实的数据个数,因为存放每层结点的空间固定,但是每层的结点个数不一
18      int levelNum = 0;
19      int downLevelNum = 0; //存放下层结点个数
20      MerkleTree * merkleTree = NULL;                          //Merkle树的结构,用于存放最后结果
21   //先读入数据到最底层的数据结点中
22      levelMerkleTreeNodes = (MerkleTreeNode ** )malloc(sizeof(MerkleTreeNode * ) * dataNum);
23      for (i = 0; i < dataNum; i++)
24      {
25          levelMerkleTreeNodes[i] = (MerkleTreeNode * )malloc(sizeof(MerkleTreeNode));
26          //先给字符串分配空间,这里为了简单采用直接读入数据的方法进行数据的录入
27          levelMerkleTreeNodes[i] -> content = (char * )malloc(sizeof(char) * CONTENTSIZE);
28          printf("请输入第 %d 个数据",i + 1);
29          fflush(stdin);
30          gets(levelMerkleTreeNodes[i] -> content);
31          //最底层的数据结点不会有小孩子
32          levelMerkleTreeNodes[i] -> children = NULL;
33          //指向上层结点的指针现在先初始化为 NULL,后面再改变
34          levelMerkleTreeNodes[i] -> parent = NULL;
35      }
36      levelNum = dataNum;
37   //构造 Merkle 树,当层结点个数为 1 时说明已经是根结点了
38      while(levelNum!= 1)
39      {
40          //对新的一层数据做处理
41          downLevelNum = levelNum;
42          levelNum = 0;
43          //从下层数据推到上层
44          for (i = 0; i < downLevelNum; )
45          {
46              tempTreeNode = (MerkleTreeNode * )malloc(sizeof(MerkleTreeNode));
47              tempTreeNode -> parent = NULL;                   //以后赋值
48              tempTreeNode -> content = (char * )malloc(sizeof(char) * CONTENTSIZE);
49              //看看是几个小孩子
50              tempTreeNode -> children = (MerkleTreeNode ** )malloc(sizeof(MerkleTreeNode * ) *
                    childNum);
51              //分配足够的空间用于存放字符串,使用字符串拼接
52              buffer = (char * )malloc(sizeof(char) * CONTENTSIZE * childNum);
53              buffer[0] = '\0';
54              for (j = 0; j < childNum ;j++)
55              {
56                  //如果下层结点还有
57                  if (i < downLevelNum)
```

```
58                          {
59                              strcat(buffer, levelMerkleTreeNodes[i]->content);    //拼接字符串
60                              levelMerkleTreeNodes[i]->parent = tempTreeNode;
61                              tempTreeNode->children[j] = levelMerkleTreeNodes[i];
62                          }
63                          else
64                          {
65                              //如果下层剩余结点不够
66                              tempTreeNode->children[j] = NULL;
67                          }
68                          i++;
69                      }//end for(j = 0;j < childNum;j++)
70                      //调用 C++中的 hash 函数
71                      tempStr = levelMerkleTreeNodes[i]->content;
72                      hashcode = str_hash(tempStr);
73                      //转为字符串存储在结点中
74                      _ultoa(hashcode,tempTreeNode->content,10);
75                      //把新结点替换放入保存层结点指针的一维数组中,方便上层创建使用
76                      levelMerkleTreeNodes[levelNum] = tempTreeNode;
77                      levelNum++;
78                  }//end for (i = 0; i < downLevelNum; )
79          }//end while(levelNum!= 1)
80          //设置树根
81          merkleTree = (MerkleTree *)malloc(sizeof(MerkleTree));
82          merkleTree->root = levelMerkleTreeNodes[0];
83          return merkleTree;
84  }//end MerkleTree * CreateMerkleTree(int dataNum, int childNum)
85  void trevelMerkleTree(MerkleTree * merkletree, int childNum)        //按层次访问 MerkleTree
86  {
87      //访问 Merkle 树的每个结点,这里用到 C++的 STL 中的队列
88      std::queue < MerkleTreeNode * > trevelQueue;
89      MerkleTreeNode * tempTreeNode = NULL;
90      int i;
91      trevelQueue.push(merkletree->root);
92      while(!trevelQueue.empty())
93      {
94          tempTreeNode = trevelQueue.front();
95          trevelQueue.pop();
96          printf("%s\n", tempTreeNode->content);    //访问,这里只是简单的输出
97          if (tempTreeNode->children!= NULL)
98          {
99              //找到非空小孩子结点进行处理
100             for (i = 0;i < childNum;i++)
101                 if (tempTreeNode->children[i]!= NULL)
102                     trevelQueue.push(tempTreeNode->children[i]);
103         }//end if (tempTreeNode->children != NULL)
104     }//end while(!trevelQueue.empty())
105 }
```

```
106    //比较两棵 Merkle 树,找到不同的数据信息
107    int diffMerkleTree(MerkleTree * merkletree1, MerkleTree * merkletree2,int childNum)
108    {
109        //访问 Merkle 树的每个结点,这里用到 C++的 STL 中的队列
110        std::queue<MerkleTreeNode *> trevelQueue1;
111        std::queue<MerkleTreeNode *> trevelQueue2;
112        MerkleTreeNode *tempTreeNode1 = NULL;
113        MerkleTreeNode *tempTreeNode2 = NULL;
114        int i;
115        if (strcmp(merkletree1->root->content, merkletree2->root->content)!= 0)
116        {
117            trevelQueue1.push(merkletree1->root);
118            trevelQueue2.push(merkletree2->root);
119            while(!trevelQueue1.empty() && !trevelQueue2.empty())
120            {
121                tempTreeNode1 = trevelQueue1.front();
122                trevelQueue1.pop();
123                tempTreeNode2 = trevelQueue2.front();
124                trevelQueue2.pop();
125                //只把 content 不相等的结点的小孩放入队列,进行后续访问
126                if(strcmp(tempTreeNode1->content, tempTreeNode2->content)!= 0)
127                {
128                    //访问,这里只是简单的输出
129                    printf("树 1:% s\n", tempTreeNode1->content);
130                    printf("树 2:% s\n", tempTreeNode2->content);
131                    //处理树 1
132                    if (tempTreeNode1->children!= NULL)
133                    {
134                        //找到非空小孩子结点,进行处理
135                        for (i = 0;i<childNum;i++)
136                        {
137                            if (tempTreeNode1->children[i] != NULL)
138                            {//放入队列,方便后续处理
139                                trevelQueue1.push(tempTreeNode1->children[i]);
140                            }
141                        }   //end for (i = 0;i<childNum;i++)
142                    }   //end if (tempTreeNode1->children!= NULL)
143                    //处理树 2
144                    if (tempTreeNode2->children!= NULL)
145                    {
146                        //找到非空小孩子结点,进行处理
147                        for (i = 0;i<childNum;i++)
148                        {
149                            if (tempTreeNode2->children[i]!= NULL)
150                            {//放入队列,方便后续处理
151                                trevelQueue2.push(tempTreeNode2->children[i]);
152                            }
153                        }   //end for (i = 0;i<childNum;i++)
```

```
154             }   //end if (tempTreeNode2 -> children!= NULL)
155         }//end 如果当前树结点内容不同
156     }   //end while(!trevelQueue1.empty() && !trevelQueue2.empty())
157     return 1;                                          //两棵树不同,返回 1
158   }//end 如果树根存放内容不同
159   return 0;
160 }
```

3. main.cpp

主函数,进行 Merkle 树测试。

```
1    # include < stdio. h>
2    # include "merkletree.h"
3    int main(void)
4    {
5        MerkleTree  *  merkleTree = NULL;
6        MerkleTree  * merkleTreeCompare = NULL;
7        int dataNum;
8        int childNum;
9        //输入最底层数据结点个数以及每个结点下方的结点个数
10       printf("请输入底层数据结点个数");
11       scanf(" % d", &dataNum);
12       printf("请输入每个结点下方结点个数,请输入≥2 的数值");
13       scanf(" % d", &childNum);
14       merkleTree = CreateMerkleTree(dataNum, childNum);
15       //遍历 Merkle 树的每个结点
16       printf("遍历 merkletree 结果如下:\n");
17       trevelMerkleTree(merkleTree, childNum);
18       //比较两棵 Merkle 树的区别
19       printf("请再输入一棵树进行比较\n");
20       merkleTreeCompare = CreateMerkleTree(dataNum, childNum);
21       printf("遍历用于比较的 merkle tree 结果如下:\n");
22       trevelMerkleTree(merkleTreeCompare, childNum);
23       printf("比较结果如下:\n");
24       diffMerkleTree(merkleTree, merkleTreeCompare, childNum);
25       return 0;
26   }
```

4. 测试用例和测试结果

运行结果截图如图 7-6 所示。

四、扩展延伸

(1) 请试着将数据源从用户输入的字符串改为文件,通过读文件的方式读入多个数据流,生成 Merkle 树进行比较,查找是哪个文件出了问题导致 Merkle 树的 root 值不对。

(2) 试着使用前面自己写的队列做辅助结构实现 Merkle 树。

(3) 除了可以用数组做辅助进行 Merkle 树的建立以外,思考还有什么其他方案。

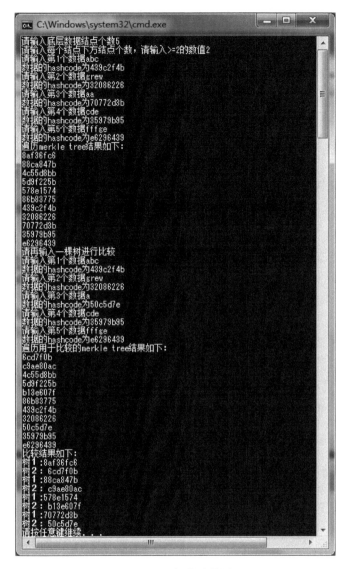

图 7-6 运行结果截图

7.4 高级实验

一、实验目的

掌握散列表的使用,能将散列表应用到具体程序中。

二、实验内容

设计实现学生成绩管理系统,要求如下。

(1) 学生信息中至少包含学号和成绩两个字段;

（2）根据学生的学号信息合理设计哈希函数，创建散列表；

（3）学生信息从文件读入到散列表中；

（4）用户输入学号，从散列表中可查询到该学号学生的成绩；

（5）从散列表中可以删除指定学生的学号信息；

（6）可以将新的学生信息添加到散列表中；

（7）程序结束前将散列表中保存的学生信息保存到文件中。

三、参考代码

1. 本程序的文件结构

本程序的文件结构如图 7-7 所示，说明如下。

（1）openaddresshash. h 和 openaddresshash. c：共同实现散列表，具体代码参考 7.2 节的中级实验 1（散列表）。

（2）main. c：在该文件中写了主函数，因为用散列表实现具体应用，所以需要包含 openaddresshash. h。

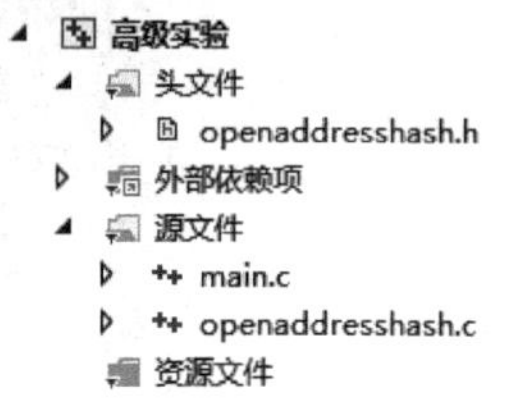

图 7-7　程序的文件结构图

2. main. c

散列表代码在 7.2 节已经给出，这里只给出主函数代码。

```
1     # include < stdlib. h >
2     # include < stdio. h >
3     # include < time. h >
4     # include "openaddresshash. h"
5     //函数功能：读文件，并将文件中的元素插入哈希表
6     //输入参数 hashTable:哈希表
7     //输入参数 filename:文件名
8     void ReadFile(HashTable * hashTable, char * filename)
9     {
10        Element tempElement;
11        FILE * stream;
12        //从文件中读入数据，插入到哈希表中
13        stream = fopen( filename, "r + " );
14        if( stream == NULL )
15            printf( "无法打开文件 studentinfo. txt \n" );
16        else
17        {
18            //读文件，先读，再判断文件是否结束
19            fscanf( stream, " % ld", &tempElement. key );
20            fscanf( stream, " % d", &tempElement. element );
21            while(! feof(stream))
22            {
23                //插入哈希表中
24                InsertHashTable(hashTable,tempElement);
25                //读文件
26                fscanf( stream, " % ld", &tempElement. key );
27                fscanf( stream, " % d", &tempElement. element );
```

```
28              }  //end while(!feof(stream))
29          }
30      fclose( stream );
31  }
32  //函数功能:将哈希表中的有效数据写入文件
33  //输入参数 hashTable:哈希表
34  //输入参数 filename:文件名
35  void WriteFile(HashTable * hashTable, char * filename)
36  {
37      int i;
38      FILE * stream;
39      stream = fopen( filename, "w+" );
40      if( stream == NULL )
41          printf( "无法打开文件 studentinfo.txt \n" );
42      else
43      {
44          for (i = 0;i < hashTable -> size;i++)
45          {
46              if (hashTable -> data[i].key != unoccupied && hashTable -> data[i].key != isdelete)
47              {
48                  fprintf(stream,"%ld %d\n",hashTable -> data[i].key,hashTable -> data[i].element);
49              }
50          }  //end for (i = 0;i < hashTable -> size;i++)
51      }
52      fclose( stream );
53  }
54  int main(void)
55  {
56      HashTable * hashTable = NULL;
57      Element tempElement;
58      long stunum;                                    //学生的学号
59      int pos;
60      hashTable = CreateHashTable(562);               //创建哈希表
61      //从文件中读入数据到哈希表中
62      ReadFile(hashTable, "studentinfo.txt");
63      PrintHashTable(hashTable);
64      //查询数据
65      printf("\n 请输入要查询的学生学号:");
66      scanf("%ld", &stunum);
67      if (SearchHashTable(hashTable, stunum, &pos) == 1)    //找到了
68      printf("\n%ld 学生的成绩为 %d", stunum, hashTable -> data[pos].element);
69       else printf("\n 没有该学生");
70      printf("\n 请输入要删除的学生学号:");
71      scanf("%ld", &stunum);
72      if (DeleteHashTable(hashTable, stunum) == 1) //找到了
73          printf("\n 成功删除学号为 %ld 的学生信息", stunum);
74      printf("\n 请输入要插入的学生学号:");
75      scanf("%ld", &tempElement.key);
76      printf("\n 请输入要插入的学生成绩:");
77      scanf("%d", &tempElement.element);
78      if (InsertHashTable(hashTable, tempElement) == 1)
```

```
79        {
80          printf("\n 成功插入学号为 % ld 的学生信息,其成绩为 % d",tempElement.key,tempElement.element);
81        }
82      //将哈希表中的数据写入文件中
83      //WriteFile(hashTable,"Z:\\studentinfo.txt");
84      WriteFile(hashTable,"studentinfo.txt");
85      return 0;
86  }
```

在运行时会从文件中读取数据到散列表中,并让用户进行数据的查找、修改、删除等操作,最终再把数据保存到文件中。因为文件数据很多,这里不方便详细截图。

studentinfo.txt 文件中数据的存放格式为"学号 分数",具体如下所示。

```
1700300178    60
1700300256    80
```

四、扩展延伸

如何根据学生的学号合理地设计哈希函数?

排序

8.1 初级实验

一、实验目的

掌握直接插入排序、二分插入排序、冒泡排序、双向冒泡排序、直接选择排序的算法。

二、实验内容

需要排序的数据存放在一维数组中,要求实现以下功能。

(1) 将需要排序的数据用结构体封装表示;

(2) 将待排序数据放入一维数组;

(3) 使用随机数生成函数生成待排序关键字;

(4) 分别采用直接插入排序、二分插入排序、冒泡排序、双向冒泡排序和直接选择排序算法对该随机数序列进行升序排序,并输出结果。

提示:

(1) 在基本的冒泡排序算法中,始终是从一个方向向另一个方向冒泡,效率有时会比较低。作为传统冒泡算法的改进版,双向冒泡是在一趟排序过程中做两次不同方向的冒泡。

(2) 随机数序列的生成。

在这个程序的编写中需要产生随机数。生成一个 1~100 的随机数的代码如下:

```
magic = rand() % 100 + 1;
```

但要注意,在一段程序使用 rand() 函数前需要有且仅有一条语句进行随机数初始值的设置。比如使用"srand(time(NULL));",这里是用系统时间进行随机数初始值的设置。time() 函数返回以秒计算的当前时间值,该值被转换为无符号整数并用作随机数发生器的种子。

这里随机数实际上是一个伪随机数,并不是实际意义上的随机,仅仅是通过一定的数学方法(不同的数学方法产生满足不同分布的随机数序列)从初始值生成的一个序列,因此这个初始值如果相同,生成的随机数序列也是相同的。所以,在第一次使用 rand() 函数前需要使用 srand() 函数。

三、参考代码

1. 本程序的文件结构

本程序的文件结构如图 8-1 所示,说明如下。

（1）sortutil.h 和 sortutil.c：共同实现排序数据存放的基本结构。

（2）sort.c 和 sort.h：共同实现直接插入排序、二分插入排序、冒泡排序、双向冒泡排序和直接选择排序的算法。

（3）main.c：在该文件中写了主函数,调用直接插入排序、二分插入排序、冒泡排序、双向冒泡排序和直接选择排序算法进行测试,因此需要包含 sort.h。

图 8-1   程序的文件结构图

2. 排序的基本数据结构以及辅助函数

（1）sortutil.h。

```
1    #ifndef SORTSTRUCT_H
2    #define SORTSTRUCT_H
3    typedef int KeyType;                          //关键字的数据类型
4    typedef int InfoType;                         //其余数据信息的数据类型
5    //待排序记录的数据类型
6    typedef struct  RECORDTYPE_STRU
7    {
8        KeyType key;                              //关键字
9        InfoType otherInfo;                       //其余数据信息
10   }RecordType;
11   //存放多个待排序数据的结构体,需要进行空间分配的一维数组
12   typedef struct  SORTARRAY_STRU
13   {
14       int cnt;                                  //要排序的数组中的元素个数
15       RecordType * recordArray;                 //指向一维数组的指针
16   }SortArray;
17   //函数功能:创建用于排序的一维数组
18   //输入参数 num:创建的一维数组中包含的元素个数
19   //返回值:一维数组
20   SortArray * CreateSortArray(int num);
21   //函数功能:创建用于排序的一维数组,同时生成随机数放入数组中,方便排序使用
22   //输入参数 num:创建的一维数组中包含的元素个数
23   //输入参数 range_min:生成的随机数≥range_min
24   //输入参数 range_max:生成的随机数<range_max
25   //返回值:一维数组
26   SortArray * CreateSortArrayRandData(int num, int range_min, int range_max);
27   //函数功能:输出一维数组中的元素
28   //输入参数 SortArray:一维数组
29   void PrintSortArray(SortArray * sortArray);
30   //函数功能:交换一维数组中两个元素的值
31   //输入参数 i:要交换的两个元素下标之一
```

```
32   //输入参数 j：要交换的两个元素下标之一
33   //输入参数：SortArray：一维数组
34   void Swap(SortArray * sortArray, int i, int j);
35   #endif
```

（2）sortutil.c。

```
1    #include <stdio.h>
2    #include <stdlib.h>
3    #include <time.h>
4    #include "sortutil.h"
5    //创建用于排序的一维数组
6    SortArray * CreateSortArray(int num)
7    {
8        SortArray * sortArray = (SortArray * )malloc(sizeof(SortArray));
9        sortArray->cnt = num;
10       sortArray->recordArray = (RecordType * )malloc(sizeof(RecordType) * sortArray->cnt);
11       return sortArray;
12   }
13   //创建用于排序的一维数组,同时生成随机数放入数组中
14   SortArray * CreateSortArrayRandData(int num, int range_min, int range_max)
15   {
16       int i;
17       //分配空间,并赋值
18       SortArray * sortArray = (SortArray * )malloc(sizeof(SortArray));
19       sortArray->cnt = num;
20       sortArray->recordArray = (RecordType * )malloc(sizeof(RecordType) * sortArray->cnt);
21       srand( (unsigned)time( NULL ) );
22       for (i = 0; i < sortArray->cnt; i++)
23       {
24           sortArray->recordArray[i].key =
                 range_min + (double)rand()/(RAND_MAX + 1) * (range_max - range_min);
25       }//   end for (i = 0; i < sortArray->cnt; i++)
26       return sortArray;
27   }
28   //输出一维数组中的元素
29   void PrintSortArray(SortArray * sortArray)
30   {
31       int i = 0;
32       for (i = 0; i < sortArray->cnt; i++)
33       {
34           if (i % 10 == 0) //10 个元素,换一行
35               printf("\n");
36           printf(" % d\t", sortArray->recordArray[i]);
37       }
38       printf("\n");
39   }
40   //交换一维数组中两个元素的值
41   void Swap(SortArray * sortArray, int i, int j)
42   {
43       KeyType temp;
```

```
44        temp = sortArray -> recordArray[ i ].key;
45        sortArray -> recordArray[ i ].key = sortArray -> recordArray[ j ].key;
46        sortArray -> recordArray[ j ].key = temp;
47    }
```

3. 直接插入排序、二分插入排序、冒泡排序、双向冒泡排序、直接选择排序

（1） sort. h。

```
1    # ifndef SORT_H_
2    # define SORT_H_
3    # include "sortutil.h"
4    //函数功能:直接插入排序,升序
5    //输入参数 sortArray:要进行排序的一维数组
6    void InsertSort(SortArray * sortArray);
7    //函数功能:二分插入排序,升序
8    //输入参数 sortArray:要进行排序的一维数组
9    void BinSort(SortArray * sortArray);
10   //函数功能: 冒泡排序,升序
11   //输入参数 sortArray : 要进行排序的一维数组
12   void BubbleSort(SortArray * sortArray);
13   //函数功能:双向冒泡排序,升序
14   //输入参数 sortArray:要进行排序的一维数组
15   void BidBubbleSort(SortArray * sortArray);
16   //函数功能:直接选择排序,升序
17   //输入参数 sortArray:要进行排序的一维数组
18   void SelectSort(SortArray * sortArray);
19   # endif
```

（2） sort. c。

```
1    # include "sort.h"
2    //函数功能:直接插入排序,升序
3    void InsertSort(SortArray * sortArray)
4    {
5        int i, j;
6        RecordType temp;
7        for( i = 1; i < sortArray -> cnt; i++ )
8        {
9            //j 为已经排好顺序的数据的最后一个元素下标
10           j = i - 1;
11           //等待插入的数据 temp
12           temp = sortArray -> recordArray[ i ];
13           //从 j 位置开始,从后向前在已经排好顺序的序列中找到插入位置
14           while(temp.key < sortArray -> recordArray[ j ].key && j >= 0)
15           {
16               sortArray -> recordArray[ j + 1 ] = sortArray -> recordArray[ j ];
17               j -- ;
18           }
19           //找到待插入位置为 j + 1
20           //如果待插入位置正好是要插入元素所在的位置,则可以不进行数据赋值
```

```
21          if( j + 1!= i )
22              sortArray - > recordArray[ j + 1] = temp;
23      }//  end for( i = 1; i < sortArray - > cnt; i++)
24  }
25  //函数功能：二分插入排序，升序
26  void BinSort(SortArray * sortArray)
27  {
28      int i, j;
29      int left, mid, right;
30      RecordType temp;
31      for( i = 1; i < sortArray - > cnt; i++)
32      {
33          temp = sortArray - > recordArray[i];
34          //用二分查找法查找插入位置
35          left = 0;
36          right = i - 1;
37          while (left < = right)
38          {
39              mid = (left + right)/2;
40              if (temp. key < sortArray - > recordArray[mid].key)
41                  right = mid - 1;
42              else
43                  left = mid + 1;
44          }//end while (left < = right)
45          //如果待插入数据正好在要插入的位置上就不需要插入了
46          if (left != i)
47          {
48              //如果需要挪动数据，空出位置，插入数据
49              //找到插入位置后移动数据，空出地方给数据插入
50              for (j = i - 1; j > = left; j -- )
51                  sortArray - > recordArray[ j + 1] = sortArray - > recordArray[j];
52              sortArray - > recordArray[left] = temp;        //插入数据
53          }//end if (left != i)
54      }//end for( i = 1; i < sortArray - > cnt; i++)
55  }
56  //函数功能：冒泡排序，升序
57  void BubbleSort(SortArray * sortArray)
58  {
59      int i,j;                                              //循环变量
60      for(i = 1; i < sortArray - > cnt; i++)
61      {
62          //注意 j 是从后往前循环，数组的下标是 0～cnt - 1
63          for(j = sortArray - > cnt - 1; j > = i; j -- )
64          {//若前者大于后者
65       if(sortArray - > recordArray[ j - 1]. key > sortArray - > recordArray[ j]. key)
66                  Swap(sortArray, j, j - 1); //交换
67          } //end for(j = sortArray - > cnt  - 1; j > = i; j -- )
68      } //end for(i = 1; i < sortArray - > cnt; i++)
69  }
70  //函数功能：双向冒泡排序，升序
71  void BidBubbleSort(SortArray * sortArray)
```

```
72   {
73       int left, right, l, r;
74       int j;
75       left = 0;
76       right = sortArray -> cnt - 1;
77       //双向冒泡算法,能减少循环排序的次数
78       while(left < right)
79       {
80           l = left + 1;
81           r = right - 1;
82           //第一次循环将最大的值放到末尾
83           for(j = left; j < right; j++)
84           {
85               if(sortArray -> recordArray[j].key > sortArray -> recordArray[j + 1].key)
86               {
87                   Swap(sortArray, j, j + 1);
88                   r = j;
89               }
90           } //end for(j = left; j < right; j++)
91           right = r;
92           //第二次循环将最小的值放到开头
93           for(j = right; j > left; j-- )
94           {
95               if(sortArray -> recordArray[j].key < sortArray -> recordArray[j - 1].key)
96               {
97                   Swap(sortArray, j, j - 1);
98                   l = j;
99               }
100          }  //end for(j = right; j > left; j-- )
101          left = l;
102      }  //end while(left < right)
103  }
104  //函数功能:直接选择排序
105  void SelectSort(SortArray * sortArray)
106  {
107      int i, j;
108      int minPos;
109      //做 n - 1 趟选择排序
110      for( i = 0; i < sortArray -> cnt - 1; i++)
111      {
112          minPos = i;
113          //在无序区中寻找,记录下最小的值所在的数组下标
114          for (j = i + 1; j < sortArray -> cnt; j++)
115          {
116              if(sortArray -> recordArray[j].key < sortArray -> recordArray[minPos].key)
117              {
118                  minPos = j;
119              }
120          }  //end for (j = i + 1; j < sortArray -> cnt; j++)
121          //如果需要交换再进行数据交换
122          if (minPos!= i)
```

```
123            Swap(sortArray, minPos, i);
124     }  //end for( i = 0; i < sortArray -> cnt - 1; i++)
125 }
```

4. main.c

在主函数中调用排序算法做测试。

```
1    # include < stdio. h >
2    # include < time. h >
3    # include < stdlib. h >
4    # include < windows. h >
5    # include "sort. h"
6    int main(void)
7    {
8        int i;
9        int MAXNUM;
10       SortArray * myArrayRand = NULL;                         //辅助的数据
11       SortArray * arrBubbleSort = NULL;                       //冒泡排序
12       SortArray * arrBidBubbleSort = NULL;                    //双向冒泡排序
13       SortArray * arrSelectSort = NULL;                       //选择排序
14       SortArray * arrInsertSort = NULL;                       //直接插入排序
15       SortArray * arrBinSort = NULL;                          //二分插入排序
16       srand( (unsigned)time( NULL ) );
17       printf("请输入排序数据的多少:");
18       scanf("% d", &MAXNUM);
19       //给各个需要存放数据的数组分配空间
20       myArrayRand = CreateSortArrayRandData(MAXNUM, 0, 500);
21       arrBubbleSort = CreateSortArray(MAXNUM);
22       arrBidBubbleSort = CreateSortArray(MAXNUM);
23       arrSelectSort = CreateSortArray(MAXNUM);
24       arrInsertSort = CreateSortArray(MAXNUM);
25       arrBinSort = CreateSortArray(MAXNUM);
26       //复制数据,使要排序的数据为同一系列随机数
27       for (i = 0; i < MAXNUM; i++)
28       {
29           arrBubbleSort -> recordArray[i]. key = myArrayRand -> recordArray[i]. key;
30           arrBidBubbleSort -> recordArray[i]. key = myArrayRand -> recordArray[i]. key;
31           arrSelectSort -> recordArray[i]. key = myArrayRand -> recordArray[i]. key;
32           arrInsertSort -> recordArray[i]. key = myArrayRand -> recordArray[i]. key;
33           arrBinSort -> recordArray[i]. key = myArrayRand -> recordArray[i]. key;
34       }
35       printf("排序前:\n");
36       PrintSortArray(myArrayRand);
37       //冒泡排序,升序
38       BubbleSort(arrBubbleSort);
39       printf("冒泡排序后:\n");
40       PrintSortArray(arrBubbleSort);
41       //双向冒泡排序,升序
42       BidBubbleSort(arrBidBubbleSort);
43       printf("双向冒泡排序后:\n");
```

```
44      PrintSortArray(arrBidBubbleSort);
45      //直接选择排序,升序
46      SelectSort(arrSelectSort);
47      printf("直接选择排序后:\n");
48      PrintSortArray(arrSelectSort);
49      //直接插入排序,升序
50      InsertSort(arrInsertSort);
51      printf("直接插入排序后:\n");
52      PrintSortArray(arrInsertSort);
53      //二分插入排序,升序
54      BinSort(arrBinSort);
55      printf("二分插入排序后:\n");
56      PrintSortArray(arrBinSort);
57      return 0;
58   }
```

5．测试用例和测试结果

运行截图如图 8-2 所示。

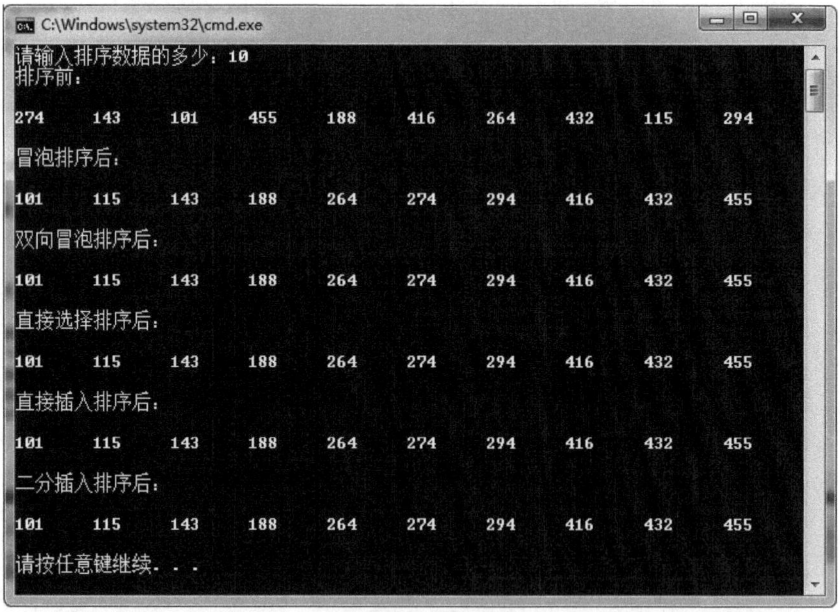

图 8-2　运行截图

四、扩展延伸

（1）如何实现降序排序？

（2）待排序数据有多种生成方式，比如从文件读取数据、用户输入数据等，请试着实现。

8.2 中级实验

一、实验目的

掌握快速排序、堆排序、基数排序和归并排序的算法。

二、实验内容

需要排序的数据存放在一维数组中,要求实现以下功能。

(1) 将需要排序的数据用结构体封装表示;

(2) 将待排序数据放入一维数组;

(3) 使用随机数生成函数生成待排序关键字;

(4) 用快速排序、堆排序、基数排序、归并排序算法实现升序排序,并输出结果。

提示如下。

(1) 堆排序:利用数组存放二叉树,从编号 0 开始存放,那么父亲的下标如果是 i,则左孩子的下标为 $2i+1$、右孩子的下标为 $2i+2$。

(2) 快速排序:

① 先从数列中取出一个数做基准数(简单的做法是直接采用数组中的第一个数做基准数);

② 进行分区,如果是升序排序,那么在分区过程中将比这个基准数大的数全部放到基准数的右边,将小于或等于基准数的数全部放到基准数的左边,同时在该过程中找到基准数存放的合适位置,最后根据基准数的位置分为左半区和右半区;

③ 对左、右区间重复第二步,直到区间中只有一个数或者为空为止。

快速排序的改进有多个版本,如随机选择基准数,当区间中的数据较少时直接采用插入排序等思想。

三、参考代码

1. 本程序的文件结构

本程序的文件结构如图 8-3 所示,说明如下。

(1) sortutil.h 和 sortutil.c:共同实现排序数据存放的基本结构,具体代码参考本章中的初级实验部分。

(2) sort.c 和 sort.h:共同实现快速排序、堆排序、基数排序、归并排序的算法。

(3) main.c:在该文件中写了主函数,调用排序算法进行测试,因此需要包含 sort.h。

图 8-3 程序的文件结构图

2. 排序算法的具体实现

（1）sort. h。

```
1    # ifndef SORT_H_
2    # define SORT_H_
3    # include "sortutil.h"
4    //函数功能:快速排序,升序
5    //输入参数 sortArray:要进行排序的一维数组
6    //输入参数 left:数组左边的下标
7    //输入参数 right:数组右边的下标
8    void QuickSort(SortArray * sortArray, int left, int right);
9    //函数功能:堆排序,升序
10   //输入参数 sortArray:要进行排序的一维数组
11   //输入参数 size:数组长度
12   void HeapSort(SortArray * sortArray,int size);
13   //函数功能:基数排序,升序
14   //输入参数 record:要进行排序的一维数组
15   void RadixSort(SortArray * record);
16   //函数功能:二路归并排序,升序
17   //输入参数 record:要进行排序的一维数组
18   //输入参数 num:要排序的序列长度
19   void MergeSort(SortArray * record, int num);
20   # endif
```

（2）sort. c。

```
1    # include "sort.h"
2    void QuickSort(SortArray * sortArray, int left, int right)//快速排序,升序
3    {
4        int i,j;
5        KeyType temp;
6        if (left >= right)                          //只有一个记录时无须排序
7            return;
8        i = left;
9        j = right;
10       temp = sortArray -> recordArray[i].key;     //将最左边的元素作为基准
11       while(i!=j)                                  //寻找基准应存放的最终位置
12       {
13           //从右向左扫描
14           while(sortArray -> recordArray[j].key >= temp && j > i)
15               j-- ;
16           //如果 arr[j]< temp
17           if (i < j)
18           {
19               sortArray -> recordArray[i].key = sortArray -> recordArray[j].key;
20               i++ ;
21           }
22           else
23               break;
24           //从左向右扫描
```

```
25          while(sortArray->recordArray[i].key <= temp && j > i)
26              i++;
27          //如果 arr[i]>temp
28          if (i < j)
29          {
30              sortArray->recordArray[j].key = sortArray->recordArray[i].key;
31              j--;
32          }
33          else
34              break;
35      }   //end while(i!= j)
36      //找到基准需要存放的位置,此时该位置左边的值都比基准小,右边的值比基准大
37      sortArray->recordArray[i].key = temp;
38      QuickSort(sortArray, left, i-1);
39      QuickSort(sortArray, i+1, right);
40  }
41  //调整构成大根堆
42  void HeapAdjust(SortArray * sortArray, int father, int size)
43  {
44      int lchild;
45      int rchild;
46      int max;
47      //将 father 中的值放到堆中正确的位置
48      while (father < size)
49      {
50          lchild = father * 2 + 1;
51          rchild = lchild + 1;
52          if(lchild >= size)
53              break;
54          //寻找 father、lchild、rchild 中最大的值,若该点不是 father,则与 father 的值做交换
55          max = lchild;
56          //右孩子的下标不要越界
57          if(rchild < size
58              && sortArray->recordArray[rchild].key > sortArray->recordArray[lchild].key)
59              max = rchild;
60          if (sortArray->recordArray[father].key < sortArray->recordArray[max].key)
61          {
62              Swap(sortArray, father, max);
63              father = max;
64          }
65          else
66              break;
67      }   //end while (father < size)
68  }
69  void HeapSort(SortArray * sortArray, int size)          //堆排序,升序
70  {
71      int i;
72      //先要形成堆,从树的最下方开始调整
73      for(i = size/2 - 1; i >= 0; i--)
74          HeapAdjust(sortArray, i, size);
75      //每次取树根元素跟未排序尾部交换,之后再重新调整堆。由于是从小往大排序,因此根放
```

```
                   //最大的值
76      for (i = size - 1; i >= 1; i--)
77      {
78          Swap(sortArray, 0, i);                          //交换
79          //重新调整一个元素的位置就可以了(刚调整到树根位置的那个值)
80          HeapAdjust(sortArray, 0, i);
81      }
82  }
83  void RadixSort(SortArray * record)                       //基数排序
84  {
85      int i,j;
86      int maxValue = record -> recordArray[0].key;
87      int maxDigit = 0;
88      //record -> cnt 个桶,这里的类型跟等待排序数据的类型一样,方便数据移动
89      RecordType * bucket = (RecordType * )malloc(sizeof(RecordType) * record -> cnt);
90      //保存每个桶中存放数据的个数,因此个数也是 record -> cnt 个
91      int * count = (int * )malloc(sizeof(int) * record -> cnt);
92      //为了节约时间,不重复计算,需要保存每个待排序数据当前排序位的值
93      int * nowDigit = (int * )malloc(sizeof(int) * record -> cnt);
94      //为了方便,假设等待排序的数据最大不超过 5 位数
95      int divider[5] = {1,10,100,1000,10000};
96      for (i = 0;i < record -> cnt;i++)
97      {
98          //①获取等待排序序列中最大值的位数,比如 78 是两位数
99          //这个数值用于后续分配收集的次数
100         //先求最大值
101         if (record -> recordArray[i].key > maxValue)
102             maxValue = record -> recordArray[i].key;
103         //初始化 count 数组,将所有元素设置为 0,以方便后面累加
104         count[i] = 0;
105     }   //end for (i = 0;i < record -> cnt;i++)
106     //计算这个最大值的位数
107     while(maxValue != 0)
108     {
109         maxValue = maxValue/10;
110         maxDigit++;
111     }
112     //②进行分配收集工作,需要循环 maxDigit 次
113     //从右往左进行处理
114     for (i = 0; i < maxDigit; i++)
115     {
116         for (j = 0; j < record -> cnt; j++)
117         {
118             //计算待排序数据,当前排序位数上的值
119             nowDigit[j] = (record -> recordArray[j].key /divider[i]) % 10;
120             //清空统计桶中数据个数的 count 数组
121             count[j] = 0;
122         }
123         //循环访问 nowDigit 数组中的每个元素,初步计算 count 数组的值
124         //做完这一步,count 数组存放的是每个桶中的数据个数
125         for (j = 0; j < record -> cnt; j++)
```

```
126             count[nowDigit[j]]++;
127         //最终count数组应该是元素放入桶中后每个桶的右边界索引,因此还需要更新计算
128         for (j = 1; j < record - > cnt; j++)
129             count[j] = count[j - 1] + count[j];
130         //将数据依次放入桶中
131         //这里需要从右向左扫描,先入桶的先出来
132         for (j = record - > cnt - 1; j > = 0; j-- )
133         {
134             bucket[count[nowDigit[j]] - 1] = record - > recordArray[j];
135             count[nowDigit[j]] -- ;
136         }  //end for (j = 0; j < record - > cnt; j++)
137         //③把桶里面的数据放回原来的数组,为下一轮基数排序做准备
138         for (j = 0; j < record - > cnt; j++)
139             record - > recordArray[j] = bucket[j];
140     }  //end for (i = 0; i < maxDigit; i++)
141 }
142 //合并两个有序序列
143 void Merge(SortArray * sortArray, SortArray * sortArray1, int low, int m, int high)
144 {
145     //有序文件1
146     //sortArray - > recordArray[low]到sortArray - > recordArray[m]
147     //有序文件2
148     //sortArray - > recordArray[m + 1]到sortArray - > recordArray[high]
149     int i,j,k;
150     i = low;
151     j = m + 1;
152     k = low;
153     while( (i < = m) && (j < = high) )
154     {
155         //从两个有序文件的第一个记录中选出小的记录,放入结果序列中
156         if(sortArray - > recordArray[i].key < = sortArray - > recordArray[j].key)
157         {
158             sortArray1 - > recordArray[k].key = sortArray - > recordArray[i].key;
159             k++;
160             i++;
161         }
162         else
163         {
164             sortArray1 - > recordArray[k].key = sortArray - > recordArray[j].key;
165             k++;
166             j++;
167         }
168     }  //end while( (i < = m) && (j < = high) )
169     //复制第一个文件的剩余记录到结果序列
170     while (i < = m)
171     {
172         sortArray1 - > recordArray[k].key = sortArray - > recordArray[i].key;
173         k++;
174         i++;
175     }  //end while (i < = m)
176     //复制第二个文件的剩余记录到结果序列
```

```
177        while (j < = high)
178        {
179            sortArray1 - > recordArray[k].key = sortArray - > recordArray[j].key;
180            k++;
181            j++;
182        }   //end while (j < = high)
183   }
184   //一趟归并,结果放到 sortArray1 中,length 为本趟归并的有序子文件的长度
185   void MergePass(SortArray * sortArray, SortArray * sortArray1, int n, int length)
186   {
187        int j, i = 0;
188        //归并长度为 length 的两个子文件
189        while(i + 2 * length - 1 < n)
190        {
191            Merge(sortArray, sortArray1, i, i + length - 1, i + 2 * length - 1);
192            i += 2 * length;
193        }   //end while(i + 2 * length - 1 < n)
194        //假如剩下两个子文件,其中一个长度小于 length
195        if(i + length - 1 < n - 1)
196            Merge(sortArray, sortArray1, i, i + length - 1, n - 1);
197        else
198        {
199            //假如只剩下一个子文件,则将最后一个子文件复制到数组 sortArray1 中
200            for(j = i; j < n; j++)
201                sortArray1 - > recordArray[j].key =  sortArray - > recordArray[j].key;
202        }   //end if(i + length - 1 < n - 1)
203   }
204   void MergeSort(SortArray *  record, int num) //二路归并排序
205   {
206        SortArray * record1 = CreateSortArray(num);
207        int length = 1;
208        while(length < num)
209        {
210            //一趟归并,结果放到 record1 中
211            MergePass(record, record1, num, length);
212            length *= 2;
213            //一趟归并,结果放到 record 中
214            MergePass(record1, record, num, length);
215            length *= 2;
216        }   //end while(length < num)
217   }
```

3. main.c

主函数,测试二分插入排序、快速排序、堆排序、基数排序和归并排序算法。

```
1    # include < stdio.h >
2    # include < time.h >
3    # include < stdlib.h >
4    # include < windows.h >
5    # include " sort.h "
```

```
6    int main(void)
7    {
8        int i;
9        int MAXNUM;
10       SortArray * myArrayRand = NULL;                          //辅助的数据
11       SortArray * arrQuickSort = NULL;
12       SortArray * arrHeapSort = NULL;
13       SortArray * arrMergeSort = NULL;
14       SortArray * arrRadixSort = NULL;
15       srand( (unsigned)time( NULL ) );
16       printf("请输入排序数据的多少:");
17       scanf("%d", &MAXNUM);
18       //给各个需要存放数据的数组分配空间
19       myArrayRand = CreateSortArrayRandData(MAXNUM, 0, 500);
20       arrQuickSort = CreateSortArray(MAXNUM);
21       arrHeapSort = CreateSortArray(MAXNUM);
22       arrMergeSort = CreateSortArray(MAXNUM);
23       arrRadixSort = CreateSortArray(MAXNUM);
24       //复制数据,使要排序的数据为随机数
25       for (i = 0; i < MAXNUM; i++)
26       {
27       arrQuickSort -> recordArray[i].key = myArrayRand -> recordArray[i].key;
28       arrHeapSort -> recordArray[i].key = myArrayRand -> recordArray[i].key;
29       arrMergeSort -> recordArray[i].key = myArrayRand -> recordArray[i].key;
30       arrRadixSort -> recordArray[i].key = myArrayRand -> recordArray[i].key;
31       }
32       printf("排序前:\n");
33       PrintSortArray(myArrayRand);
34       //堆排序
35       HeapSort(arrHeapSort, MAXNUM);
36       printf("堆排序后:\n");
37       PrintSortArray(arrHeapSort);
38       //归并排序
39       MergeSort(arrMergeSort, MAXNUM);
40       printf("归并排序后:\n");
41       PrintSortArray(arrMergeSort);
42       //基数排序
43       RadixSort(arrRadixSort);
44       printf("基数排序后:\n");
45       PrintSortArray(arrRadixSort);
46       //快速排序
47       QuickSort(arrQuickSort, 0, MAXNUM - 1 );
48       printf("快速排序后:\n");
49       PrintSortArray(arrQuickSort);
50       return 0;
51   }
```

4. 测试用例和测试结果

运行截图如图 8-4 所示。

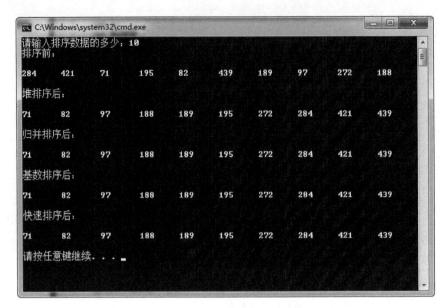

图 8-4   运行截图

四、扩展延伸

(1) 如何实现降序排序？

(2) 待排序数据有多种生成方式，例如从文件读取数据、用户输入数据等，请试着实现。

(3) 在基数排序参考代码中，基数排序使用数组做桶存放数据，请思考使用其他数据结构做桶存放数据(比如链表或者队列等)该如何实现。

(4) 在基数排序参考代码中，为了方便，截取待排序数据每位数上的值，采用了 divider 数组，而在定义 divider 数组时对程序的适用性做了限制，必须待排序数据最大不超过 5 位数。请思考有什么解决方案对 divider 数组进行修改或者采用其他方式，使得待排序数据的大小不受限制。请具体实现一下。

提示：

方案 1：可以动态分配 divider 数组，并赋值。

方案 2：可以不用 divider 数组，只定义一个变量，每次循环该变量乘以 10。

(5) 考虑快速排序的变种算法。快速排序的最坏情况基于每次划分对基准数的选择。基本的快速排序选取第一个元素作为基准数，这样在数组已经有序的情况下每次划分将得到最坏的结果。考虑以下两种方式选取基准数。

① 随机选取一个元素作为基准数。

② 平衡快排(Balanced Quicksort)：每次尽可能地选择一个能够代表中值的元素作为基准数，然后遵循普通快排的原则进行比较、替换和递归。通常来说，选择这个方法是取开头、结尾、中间 3 个数据，通过比较选出它们的中值。

(6) 如果采用链表保存待排序数据，将归并排序算法用在其上，如何实现？

8.3 高级实验

一、实验目的

掌握排序算法的比较。

二、实验内容

需要排序的数据存放在一维数组中,实现多种排序算法,针对不同的数据量,对下面不同分布的数据运行所用算法,并计算所用时间。

(1)正序数据;

(2)逆序数据;

(3)均匀分布的随机数;

(4)高斯分布的随机数;

(5)泊松分布的随机数。

提示:

(1)C 语言函数库中的 rand()函数就是均匀分布的随机数;

(2)生成高斯分布和泊松分布的数据代码见参考代码部分;

(3)计算排序耗时。

计算排序耗时需要获得系统时间,可以采用如下方法。

- BOOL QueryPerformanceFrequency(LARGE_INTEGER * lpFrequency):获取系统的计数器的频率。
- BOOL QueryPerformanceCounter(LARGE_INTEGER * lpPerformanceCount):获取计数器的值。

然后用两次计数器的差除以 Frequency 就得到了时间。

例子代码如下。

```
1   # include < stdio. h >
2   # include < windows. h >
3   int main()
4   {
5       LARGE_INTEGER m_nFreq;
6       LARGE_INTEGER m_nBeginTime;
7       LARGE_INTEGER nEndTime;
8       QueryPerformanceFrequency(&m_nFreq);              //获取时钟周期
9       QueryPerformanceCounter(&m_nBeginTime);           //获取时钟计数
10      Sleep(100);
11      QueryPerformanceCounter(&nEndTime);
12      printf(" % lf\n",
        (double)(nEndTime.QuadPart − m_nBeginTime.QuadPart) * 1000/m_nFreq.QuadPart;
13  }
```

三、参考代码

1. 本程序的文件结构

本程序的文件结构如图 8-5 所示,说明如下。

（1）sortutil. h 和 sortutil. c：共同实现排序数据存放的基本结构,具体代码参考 8.1 节。

（2）sort. c 和 sort. h：共同实现直接插入排序、冒泡排序、双向冒泡排序、直接选择排序、二分插入排序、快速排序、堆排序、基数排序、归并排序算法。

（3）distribution. c 和 distribution. h：共同实现高斯分布随机数和泊松分布随机数的生成。

（4）main. c：在该文件中写了主函数,调用直接插入排序、冒泡排序、双向冒泡排序、直接选择排序、二分插入排序、快速排序、堆排序、基数排序、归并排序算法进行测试,因此需要包含 sort. h。

```
▲ ☒ 高级实验
  ▲ ☐ 头文件
      ▷ ▣ distribution.h
      ▷ ▣ sort.h
      ▷ ▣ sortutil.h
      ▭ 外部依赖项
  ▲ ☐ 源文件
      ▷ ✛ distribution.c
      ▷ ✛ main.c
      ▷ ✛ sort.c
      ▷ ✛ sortutil.c
      ▭ 资源文件
```

图 8-5   程序的文件结构图

2. 高斯分布和泊松分布

（1）distribution. h。

```
1   # ifndef DISTRIBUTION_H_
2   # define DISTRIBUTION_H_
3   double gaussrand(double mean, double stdc);          //高斯分布
4   int possion();                                       //泊松分布
5   # endif
```

（2）distribution. c。

```
1   //代码来源:http://blog.csdn.net/u012480384/article/details/50838832
2   # include <stdlib. h>
3   # include <math. h>
4   # include <time. h>
5   # include "distribution. h"
6   double gaussrand_NORMAL() {
7       static double V1, V2, S;
8       static int phase = 0;
9       double X;
10      if (phase == 0) {
11          do {
12              double U1 = (double) rand() / RAND_MAX;
13              double U2 = (double) rand() / RAND_MAX;
14              V1 = 2 * U1 - 1;
15              V2 = 2 * U2 - 1;
16              S = V1 * V1 + V2 * V2;
17          } while (S >= 1 || S == 0);
18          X = V1 * sqrt(- 2 * log(S)/S);
19      } else
20          X = V2 * sqrt(- 2 * log(S)/S);
```

```
21        phase = 1 - phase;
22        return X;
23    }
24    //高斯分布
25    double gaussrand(double mean, double stdc) {
26        return mean + gaussrand_NORMAL() * stdc;
27    }
28    //泊松分布
29    double U_Random() {                              //产生一个 0~1 的随机数
30        double f;
31        //srand( (unsigned)time( NULL ) );
32        f = (float)(rand() % 100);
33        return f/100;
34    }
35    int possion(){ //产生一个泊松分布的随机数,Lamda 为总体平均数
36        double Lambda = 20;
37        int k = 0;
38        long double p = 1.0;
39    //为了精度才定义为 long double 的,exp( - Lambda)是接近 0 的小数
40        long double l = exp( - Lambda);
41        while (p > = l) {
42            double u = U_Random();
43            p *= u;
44            k++;
45        }
46        return k - 1;
47    }
```

3. main.c

主函数(因代码重复,这里仅举例调用冒泡排序)。

```
1    # include < stdio. h >
2    # include < time. h >
3    # include < stdlib. h >
4    # include < windows. h >
5    # include "bubblesort. h"
6    int main(void)
7    {
8        int i;
9        int userChoice;
10       LARGE_INTEGER m_nFreq;
11       LARGE_INTEGER m_nBeginTime;
12       LARGE_INTEGER nEndTime;
13       int MAXNUM;
14       SortArray * myArrayRand = NULL; //辅助的数据
15       SortArray * myArrayGaussRand = NULL;
16       SortArray * myArrayPossionRand = NULL;
17       SortArray * arrBubbleSort = NULL;
18       srand( (unsigned)time( NULL ) );
19       printf("请输入排序数据的多少:");
```

```
20          scanf(" % d", &MAXNUM);
21          //给各个需要存放数据的数组分配空间
22          myArrayRand = CreateSortArrayRandData(MAXNUM, 0, 500);
23          myArrayGaussRand = CreateSortArrayGaussRandData(MAXNUM);
24          myArrayPossionRand = CreateSortArrayPossionRandData(MAXNUM);
25          arrBubbleSort = CreateSortArray(MAXNUM);
26          QueryPerformanceFrequency(&m_nFreq);                    //获取时钟周期
27          printf("1:随机数; 2:降序数; 3:升序数; 4:高斯分布数据; 5:泊松分布数据\n");
28          scanf(" % d",&userChoice);
29          if (userChoice == 1)
30          {
31              //复制数据,使要排序的数据为随机数
32              for (i = 0; i < MAXNUM; i++)
33                  arrBubbleSort -> recordArray[i].key = myArrayRand -> recordArray[i].key;
34          } //end if (userChoice == 1)
35          if (userChoice == 2)
36          {
37              //复制数据,使要排序的数据为降序数
38              for (i = 0; i < MAXNUM; i++)
39                  arrBubbleSort -> recordArray[i].key = MAXNUM - i;
40          }   //end if (userChoice == 2)
41          if (userChoice == 3)
42          {
43              //复制数据,使要排序的数据为升序数
44              for (i = 0; i < MAXNUM; i++)
45                  arrBubbleSort -> recordArray[i].key = i;
46          }   //end if (userChoice == 3)
47          if (userChoice == 4)
48          {
49          //复制数据,使要排序的数据为高斯分布数据
50              for (i = 0; i < MAXNUM; i++)
51              {
52                  arrBubbleSort -> recordArray[i].key = myArrayGaussRand -> recordArray[i].key;
53              }
54          }   //end if (userChoice == 4)
55          if (userChoice == 5)
56          {
57              //复制数据,使要排序的数据为泊松分布数据
58              for (i = 0; i < MAXNUM; i++)
59              {
60                  arrBubbleSort -> recordArray[i].key  =  myArrayPossionRand -> recordArray[i].key;
61              }
62          }   //end if (userChoice == 5)
63          //冒泡排序
64          QueryPerformanceCounter(&m_nBeginTime);                //获取时钟计数
65          BubbleSort(arrBubbleSort);
66          QueryPerformanceCounter(&nEndTime);
67          printf("冒泡排序后:\n");
68          PrintSortArray(arrBubbleSort);
69          printf("冒泡排序使用时间 % lf\n",
70              (double)(nEndTime.QuadPart - m_nBeginTime.QuadPart) * 1000/m_nFreq.QuadPart;
```

```
71      return 0;
72  }
```

4．测试用例和测试结果

运行截图如图 8-6 所示。

图 8-6　运行截图

四、扩展延伸

（1）参考代码只是计算了耗费时间，试着添加代码，统计算法比较次数以及数据移动次数。

（2）思考何时何情况应该采用何算法。

第 9 章

字符串

9.1 初级实验 1

一、实验目的

掌握 C 库中常见的字符串处理函数,掌握从一个串中求子串的方法。

二、实验内容

(1) 编写程序测试 C 库中的字符串处理函数,包括 strlen()、strcat()、strcmp()等。

(2) 编写求子串的算法,要求用顺序串和链串实现,并在主程序中进行测试。

三、参考代码

1. 测试 C 库中的字符串处理函数

(1) StringTest. c。

```
1    # include < stdio. h >
2    # include < string. h >
3    int main(void)
4    {
5        //测试 strlen(),返回字符串的长度
6        char * str1 = "12345678";
7        printf("string length = % d\n", strlen(str1));
8        //测试 strcat(),连接两个字符串
9        char a[30] = "string(1)";
10       char b[ ] = "string(2)";
11       printf("before strcat():% s\n", a);
12       printf("after strcat():% s\n",strcat(a, b));
13       //测试 strcmp(),比较两个字符串
14       char * c = "aBcDeF";
15       char * d = "AbCdEf";
16       char * e = "aacdef";
17       char * f = "aBcDeF";
18       printf("strcmp(c,d): % d\n", strcmp(c, d));
```

```
19      printf("strcmp(c,e): % d\n", strcmp(c, e));
20      printf("strcmp(c,f): % d\n", strcmp(c, f));
21      return 0;
22  }
```

（2）测试用例和测试结果。测试用例和测试结果截图如图 9-1 所示。

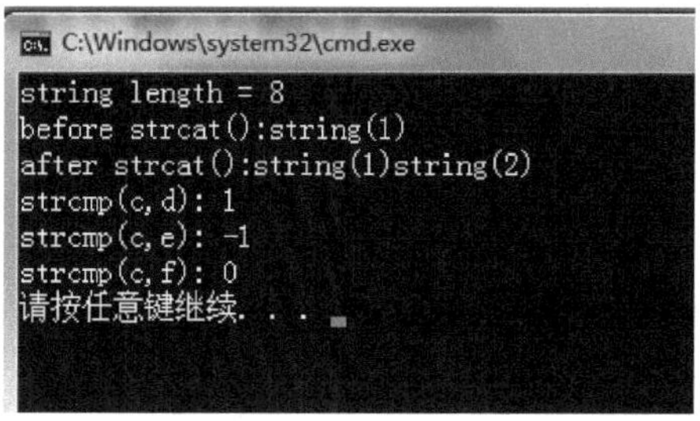

图 9-1 测试截图

2. 顺序串

（1）本程序的文件结构如图 9-2 所示，说明如下。

- SeqString.h：顺序串头文件，提供了顺序串类型定义 和相关接口说明。
- SeqString.c：顺序串接口的具体实现文件。
- SeqSubString.c：包含求子串的算法和主函数，使用了 顺序串接口，因此需要包含 SeqString.h。

图 9-2 程序的文件结构图

字符串是一种特殊的线性表，其特殊性在于数据元素的类

型为字符型，因此这里的 SeqString.h 和 SeqString.c 基本上使用了 2.1 节中的顺序表，只是做了简单的修改。

（2）SeqString.h。

```
1   #ifndef SEQSTRING_H
2   #define SEQSTRING_H
3   typedef char DataType;                  //数据元素类型为字符型
4   struct List
5   {
6       int Max;                            //顺序串的最大容量
7       int n;                              //顺序串的长度
8       DataType * elem;                    //顺序串元素的起始位置
9   };
10  typedef struct List * SeqList;          //顺序串的类型定义
11  //函数功能:创建空顺序串
12  //输入参数 m:顺序串的最大容量
13  //返回值:空的顺序串
14  SeqList SetNullList_Seq(int m);
15  //函数功能:在线性表 slist 的 p 位置之前插入 x
16  //输入参数 slist:顺序串
17  //输入参数 p:插入位置
```

```
18    //输入参数 x:待插入的元素
19    //返回值:成功返回 1,否则返回 0
20    int InsertPre_seq(SeqList slist, int p, DataType x);
21    //函数功能:输出顺序串
22    //输入参数 slist:顺序串
23    //返回值:无
24    void print(SeqList slist);
25    //函数功能:释放顺序串
26    //输入参数 slist:顺序串
27    //返回值:无
28    void DestoryList_Seq(SeqList slist);
29    #endif
```

(3) SeqString. c。

```
1     #include<stdio.h>
2     #include<stdlib.h>
3     #include "SeqString.h"
4     SeqList SetNullList_Seq(int m)                    //创建空顺序串
5     {
6         //申请结构体空间
7         SeqList slist = (SeqList)malloc(sizeof(struct List));
8         if (slist != NULL){
9             slist->elem = (DataType *)malloc(sizeof(DataType) * m);
10            //申请顺序串空间,大小为 m 个 DataType 空间
11            if (slist->elem)
12            {
13                slist->Max = m;                       //顺序串的最大值
14                slist->n = 0;                         //将顺序串长度赋值为 0
15                return(slist);
16            }
17            else free(slist);
18        }
19        printf("out of space!!\n");
20        return NULL;
21    }
22    //在顺序串 slist 的 p 位置之前插入 x
23    int InsertPre_seq(SeqList slist, int p, DataType x)
24    {
25        int q;
26        if (slist->n >= slist->Max)                   //顺序串满溢出
27        {
28            printf("overflow");
29            return(0);
30        }
31        if (p<0 || p>slist->n) //不存在下标为 p 的元素
32        {
33            printf("not exist!\n");
34            return(0);
35        }
36        for (q = slist->n-1; q >= p; q--)             //插入位置以及之后的元素后移
```

```
37      slist - > elem[q + 1] = slist - > elem[q];
38      slist - > elem[p] = x;                      //插入元素 x
39      slist - > n = slist - > n + 1;              //顺序串长度加 1
40      return(1);
41   }
42   void print(SeqList slist)                      //输出顺序串
43   {
44      int i;
45      for (i = 0; i < slist - > n; i++)            //依次遍历顺序串,并输出
46          printf(" % c ", slist - > elem[i]);
47      printf("\n");
48   }
49   void DestoryList_Seq(SeqList slist)            //释放顺序串
50   {
51      free(slist - < elem);
52      free(slist);
53   }
```

（4）SeqSubString. c。

```
1    # include < stdio. h >
2    # include < stdlib. h >
3    # include "SeqString.h"
4    //计算字符串 s 中从第 i 个字符开始的连续 j 个字符
5    SeqList substring(SeqList s, int i, int j)
6    {
7        SeqList s1;
8        int k;
9        s1 = SetNullList_Seq(j);
10       if (!s1) return NULL;
11       if (i < = 0 || i > s - > n || j < 0 || i + j - 1 > s - > n)
12           return s1;
13       for (k = 0; k < j; k++)
14           s1 - > elem[k] = s - > elem[i + k - 1];
15       s1 - > n = j;
16       return s1;
17   }
18   int main(void)
19   {
20       SeqList str1, str2;
21       int len = 10;
22       char str[] = "abcdefghijk";
23       str1 = SetNullList_Seq(20);                //创建空串
24       if (str1!= NULL)
25       {
26           printf("输入顺序表的长度 = ");
27           scanf_s(" % d", &len);
28       }
29       for (int i = 0; i < len; i++)
30           InsertPre_seq(str1, i, str[i]);        //通过插入建立顺序串
31       str1 - > n = len;                          //为顺序串长度赋值
```

```
32      printf("\n 原有的串为:");
33      print(str1);                            //输出顺序串
34      str2 = substring(str1, 2, 5);           //截取从第 2 个字符开始的连续 5 个字符
35      printf("\n 截取的子串为:");
36      print(str2);                            //输出截取的子串
37      DestoryList_Seq(str1);
38      DestoryList_Seq(str2);
39      return 0;
40  }
```

（5）测试用例和测试截图。测试用例和测试结果截图如图 9-3 所示。

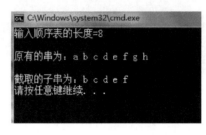

图 9-3　测试截图

3. 链串

（1）本程序的文件结构如图 9-4 所示，说明如下。

- LinkString.h：链串头文件，提供了链串类型定义和相关
  接口说明。
- LinkString.c：链串接口的具体实现文件。
- LinkSubString.c：包含求子串的算法和主函数，使用了
  链接口，因此需要包含 LinkString.h。

图 9-4　程序的文件结构图

（2）LinkString.h。

```
1   # ifndef LINKSTRING_H
2   # define LINKSTRING_H
3   typedef char DataType;                      //定义链串的数据类型为字符型
4   struct Node
5   {
6       DataType    data;                       //数据域
7       struct Node * next;                     //指针域
8   };
9   typedef struct Node * PNode;                //定义指向结构体的 PNode 类型
10  typedef struct Node * LinkList;             //定义链串类型
11  //函数功能:创建带有头结点的空链串
12  //输入参数:无
13  //返回值:空链串
14  LinkList SetNullList_Link();
15  //函数功能:判断链串是否为空
16  //输入参数:链串
17  //返回值:空返回 1,否则返回 0
```

```
18    int IsNull_Link(LinkList llist);
19    //函数功能:在 llist 链串中的结点 p 之后插入一个值为 x 的结点
20    //输入参数 llist:链串
21    //输入参数 p:插入位置
22    //输入参数 x:待插入的元素
23    //返回值:成功返回 1,否则返回 0
24    int InsertPost_link(LinkList llist, PNode p, DataType x);
25    //函数功能:在 llist 链串中查找第 i 个结点
26    //输入参数 llist:链串
27    //输入参数 i:查找第 i 个元素
28    //返回值:指向第 i 个结点的指针
29    PNode Locate_index(LinkList llist, int i);
30    //函数功能:输出链串
31    //输入参数 head:链串头结点
32    //返回值:无
33    void print(LinkList head);
34    //函数功能:释放链串
35    //输入参数 head:链串头结点
36    //返回值:无
37    void DestoryList_Link(LinkList head);              //释放链串
38    #endif
```

（3）Linkstring. c。

```
1     #include<stdio.h>
2     #include<stdlib.h>
3     #include "LinkString.h"        //包含前面定义的头文件,用双引号,与包含 C 库的方法不同
4     LinkList SetNullList_Link()                    //创建带有头结点的空链串
5     {
6         LinkList head = (LinkList)malloc(sizeof(struct Node));
7         if (head!= NULL) head->next = NULL;
8         else printf("alloc failure");
9         return head;                               //返回头指针
10    }
11    //在 llist 链串中的 p 位置之后插入值为 x 的结点
12    int InsertPost_link(LinkList llist, PNode p, DataType x)
13    {
14        PNode q;
15        if (p == NULL) { printf("failure!\n"); return 0; }
16        q = (PNode)malloc(sizeof(struct Node));
17        if (q == NULL){
18            printf("out of space!\n"); return 0;
19        }
20        else {
21            q->data = x;
22            q->next = p->next;
23            p->next = q;
24            return 1;
25        }
26    }
27    PNode Locate_index(LinkList llist, int i)        //定位第 i 个结点
```

```
28  {
29      PNode p;
30      int j = 0;
31      if (llist == NULL) return NULL;
32      p = llist -> next;
33      while (p!= NULL&&j!= i)
34      {
35          p = p -> next;
36          j++;
37      }
38      return p;
39  }
40  void print(LinkList head)                    //输出链串
41  {
42      PNode p = head -> next;
43      while (p){
44          printf(" % c ", p -> data);
45          p = p -> next;
46      }
47  }
48  void DestoryList_Link(LinkList head)         //释放链串
49  {
50      PNode pre = head; PNode p = pre -> next;
51      while (p)
52      {
53          free(pre);
54          pre = p;
55          p = pre -> next;
56      }
57      free(pre);
58  }
```

（4）LinkSubString. c。

```
1   # include < stdio. h>
2   # include < stdlib. h>
3   # include "LinkString.h"
4   //计算 s 字符串中从第 i 字符个开始的连续 j 个字符
5   LinkList substring(LinkList s, int i, int j)
6   {
7       LinkList s1;
8       LinkList p, q, r;
9       int k;
10      s1 = SetNullList_Link();
11      if (s1 == NULL) return NULL;
12      r = s1;
13      if (i < 0 || j < 0 )
14          return s1;
15      p = Locate_index(s, i);
16      if (p == NULL) return NULL;
17      for (k = 1; k <= j; k++)
```

```
18      {
19          q = (PNode)malloc(sizeof(struct Node));
20          q -> data = p -> data;
21          r -> next = q;
22          r = q;
23          p = p -> next;
24      }
25      r -> next = NULL;
26      return s1;
27  }
28  int main(void)
29  {
30      LinkList str1, str2;
31      int len = 10;
32      char str[] = "abcdefghijk";
33      str1 = SetNullList_Link();                //创建带有头结点的空链串
34      if (str1!= NULL)
35      {
36          printf("输入链串的长度 = ");
37          scanf_s(" % d", &len);
38      }
39      for (int i = 0; i < len; i++)
40          InsertPost_link(str1, str1, str[i]);    //通过插入建立链串
41      printf("\n 原有的串为:");
42      print(str1);                             //输出链串
43      str2 = substring(str1, 2, 5);            //截取从第 2 个字符开始的连续 5 个字符
44      printf("\n 截取的子串为:");
45      print(str2); //输出截取的子串
46      DestoryList_Link(str1);
47      DestoryList_Link(str2);
48      return 0;
49  }
```

（5）测试用例和测试结果。

测试用例和测试结果截图如图 9-5 所示。

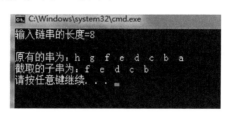

图 9-5　测试截图

四、扩展延伸

（1）使用自己掌握的其他语言（例如 C++、Java、Python 等）中的字符串处理函数实现本实验。

（2）设有一个字符串，编写算法对其中字母的顺序进行调整，使输出时所有的大写字母

都在小写字母的前面,并且同类字母之间的相对位置不变。

例如: 原有字符串为 AbcDEfghiJKlmn

输出序列为 ADEJKbcfgjilmn

9.2 初级实验 2

一、实验目的

掌握朴素的模式匹配算法 BF。

二、实验内容

实现朴素的模式匹配算法,并在主程序中进行测试。

三、参考代码

1. 模式匹配算法的实现

```c
1    # include < stdio.h >
2    # include < string.h >
3    int patternMatch_BF(char * t, char * p);
4    int main(void)
5    {
6        char * t = "ABCABDABABABAABABACDDAABBC";
7        char * p = "ABABACDD";
8        int result = patternMatch_BF(t, p);
9        if (result == - 1)
10           printf("\n 匹配失败\n");
11       else
12           printf( "子串在主串中的位置为: % d\n",result);
13       return 0;
14   }
15   //模式匹配之 BF(Brute Force)暴力算法
16   //若 p 是 t 的子串,返回子串 p 在串 t 中第一次出现的位置(从 0 开始)
17   //若 p 不是 t 的子串,返回 - 1
18   int patternMatch_BF(char * t, char * p)
19   {
20       int i = 0, j = 0;
21       int n = strlen(t);                      //主串 t 的长度
22       int m = strlen(p);                      //模式串 p 的长度
23       while (i < n && j < m)                  //两个串都没扫描完
24       {
25           if (t[i] == p[j])                   //若该位置上的字符相等,比较下一个字符
26           {
27               i++;
28               j++;
29           }
30           else
```

```
31          {
32              i = i - j + 1;          //否则,i为上次扫描位置的下一位置
33              j = 0;                  //j从1开始
34          }
35      }
36      if (j >= m)
37          return i - m;
38      else
39          return - 1;
40  }
```

2. 测试用例和测试截图

测试用例和测试结果截图如图 9-6 所示。

图 9-6　测试截图

四、扩展延伸

(1) 使用自己掌握的其他语言(例如 C++、Java、Python 等)中的支持模式匹配的包或库进行实践。

(2) 设有一字符串 S,编写算法对字符串改造后输出,要求将 S 中的所有第偶数个字符按照原来的下标从大到小的次序放到 S 的后半部分,将 S 中的所有第奇数个字符按照原来的下标从小到大的次序放到 S 的前半部分。

例如:S = 'ABCDEFGHIJKL'

改造后:S = 'ACEGIKLJHFDB'

9.3　中级实验 1

一、实验目的

掌握 KMP 算法的原理和实现。

二、实验内容

(1) 实现 KMP 算法;

(2) 实现 next 数组的计算和输出;

(3) 实现改进的 next 数组的计算和输出。

三、参考代码

1. KMP 算法的实现

```
1    # include < stdio. h >
2    # include < string. h >
3    # define printString(s) { for (size_t m = strlen(s), k = 0; k < m; k++)
4    printf(" % 4c", (s)[k]); }
5    int patternMatch_KMP(char * t, char * p);
6    int main(void)
7    {
8        char * t = "ABCABDABABABAABABACDDAABBC";      //文本串
9        char * p = "ABABACDD";                        //模式串
10       printf("stren of t: % d \n", strlen(t));
11       printf("stren of p: % d \n", strlen(p));
12       int result = patternMatch_KMP(t, p);
13       if (result == - 1)
14           printf("\n 匹配失败\n");
15       else
16           printf("子串在主串中的位置为: % d\n", result);
17       return 0;
18   }
19   void printNext(int * N, int offset, int length)   //输出 next 数组
20   {   int i;
21       for (i = 0; i < length; i++) printf(" % 4d", i); printf("\n");
22       for (i = 0; i < offset; i++) printf("  ");
23       for (i = 0; i < length; i++) printf(" % 4d", N[i]); printf("\n\n");
24   }
25   void buildNext(char * p, int next[])              //构造模式串 p 的 next 表
26   {
27       int m = strlen(p);
28       int i = 0;                                    //"主"串指针
29       int t = - 1;                                  //模式串指针
30       next[0] = - 1;
31       while (i < m - 1)
32           if (t == - 1 || p[i] == p[t]) //匹配
33           {
34               i++; t++;
35               next[i] = t;                          //此句尚需改进
36           }
37           else //不匹配
38               t = next[t];
39       printf("next 表\n");
40       printString(p);
41       printf("\n");
42       printNext(next, 0, m);
43   }
44   void buildNextPro(char * p, int next[])           //构造模式串 p 的 next 表(改进版本)
45   {
46       int m = strlen(p);
```

```
47        int i = 0;                                  //"主"串指针
48        int t = -1;
49        next[0] = -1;                               //模式串指针
50        while (i < m - 1)
51            if (t == -1 || p[i] == p[t])            //匹配
52            {
53                i++; t++;
54                if (p[i] == p[t])
55                    next[i] = next[t];
56                else
57                    next[i] = t;
58            }
59            else                                    //不匹配
60                t = next[t];
61        printf("改进后的 next 表\n");
62        printString(p);
63        printf("\n");
64        printNext(next, 0, m);
65    }
66    int patternMatch_KMP(char * t, char * p) //KMP 算法
67    {
68        int next[100]; int n, m, i = 0, j = 0;
69        buildNext(p, next);                         //构造 next 表
70    //buildNextpro(p, next);                        //构造 next 表,改进的算法
71        n = (int)strlen(t);                         //文本串指针长度
72        m = (int)strlen(p);                         //模式串指针长度
73        while (j < m && i < n){                     //自左向右逐个比较字符
74            if (0 > j || t[i] == p[j])
75    //若匹配,或 p 已移出最左侧(两个判断的次序不可交换)
76            {
77                i++;
78                j++;
79            }                                       //转到下一字符
80            else                                    //否则
81                j = next[j];                        //模式串右移,文本串不用回退
82        }
83        if (j >= m)
84            return i - m;                           //匹配成功
85        else
86            return -1;                              //匹配失败
87    }
```

2. 测试用例和测试截图

测试用例和测试结果截图如图 9-7 和图 9-8 所示。

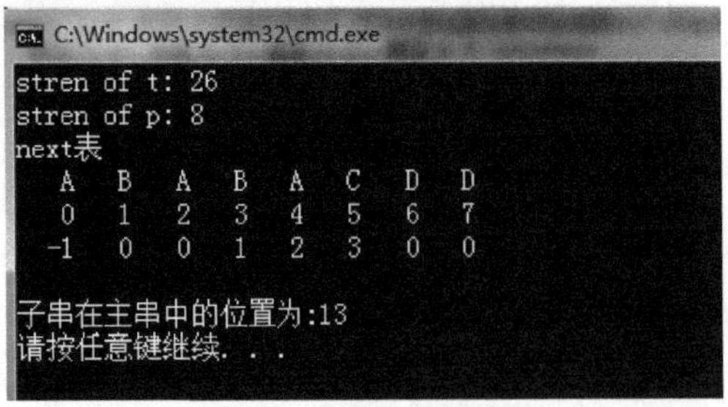

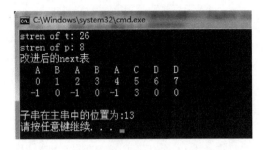

图 9-7 KMP 算法截图   图 9-8 改进的 KMP 算法截图

四、扩展延伸

编写算法,识别输入的字符序列是否为"序列 1& 序列 2"模式,其中序列 1 和序列 2 都不包含字符'&',且序列 2 是序列 1 的逆序列。要求用递归和非递归两种方式实现。

例如:'1+2&2+1'是属于该模式的序列;'1+2&3+1'是不属于该模式的序列。

9.4 中级实验 2

一、实验目的

掌握 Trie 树的基本操作,实现拼音的智能切分。

二、实验内容

Trie 树的基本运算实现,要求至少具有以下功能接口定义,并编写拼音切分算法,要求将连续的拼音串划分为以空格分隔的拼音串,编写主程序对 input. txt 文件中的无序拼音进行切分功能测试。

(1) 初始化结点;

(2) 构建 Trie 树;

(3) 插入一个结点;

(4) 释放 Trie 树。

三、参考代码

1. 本程序的文件结构

本程序的文件结构如图 9-9 所示,说明如下。

(1) Trie. h:字典树头文件,提供了字典树类型定义和相关接口说明。

(2) Trie. c:字典树接口的具体实现文件。

(3) PinyinSegment. c:实现拼音切分功能。

(4) main. c:主函数,测试拼音切分功能,将 input. txt 中无

图 9-9 程序的文件结构图

序的拼音串划分为以空格分隔的子串,需要包含 Trie.h。

2. Trie 树的实现

(1) 头文件 Trie.h。

```
1    # ifndef TRIE_H
2    # define TRIE_H
3    # include < stdio. h >
4    # define MAXLEN 200
5    struct TrieNode                                //Trie 树的类型定义
6    {
7        char key;                                 //键值
8        struct TrieNode ∗ next[26];
9    };
10   typedef struct TrieNode ∗ Trie;               //Trie 树的类型定义
11   //函数功能:初始化结点
12   //输入参数:Trie 树结点
13   //返回值:无
14   void initialize(Trie node);
15   //函数功能:从文件读取字典构建 Trie 树
16   //输入参数 fp:文件
17   //返回值: tree 指向 Trie 树根结点
18   Trie buildTree(FILE ∗ fp);
19   //函数功能:向 Trie 树中添加一个词条
20   //输入参数 tree:Trie 树
21   //输入参数 word:要添加的词条
22   //返回值:操作成功返回 1,否则返回 0
23   int addWord(Trie tree, char ∗ word);
24   //函数功能:释放 Trie 树空间
25   //输入参数 tree:Trie 树
26   //返回值:无
27   void freeTrieTree(Trie tree);
28   # endif
```

(2) Trie.c。

```
1    # include < string. h >
2    # include < stdbool. h >
3    # include "Trie.h"
4    void initialize(Trie node)                     //初始化结点
5    {
6        for (int i = 0; i < 26; i++)
7        {
8            node -> next[i] = NULL;
9        }
10       return 1;
11   }
12   Trie buildTree(FILE ∗ fp)                       //从文件读取字典构建 Trie 树
13   {
14       char ch;
```

```
15          char str[20];
16          Trie tree;
17          tree = (Trie)malloc(sizeof(struct TrieNode));
18          initialize(tree);
19          while (fscanf(fp, " % s", str)!= EOF)
20              addWord(tree, str);
21          return tree;
22      }
23      int addWord(Trie tree, char * word)              //向 Trie 树中添加一个词条
24      {
25          int index;
26          Trie parent, current;
27          parent = tree;
28          for (int i = 0; i < strlen(word); i++)
29          {
30              index = word[i] - 'a';
31              if (parent -> next[index] == NULL)
32              {
33                  current = (Trie)malloc(sizeof(struct TrieNode));
34                  if (current == NULL) return 0;
35                  initialize(current);
36                  current -> key = word[i];
37                  parent -> next[index] = current;
38                  parent = current;
39              }
40              else
41                  parent = parent -> next[index];
42          }
43          return 1;
44      }
45      void freeTrieTree(Trie tree)                      //释放 Trie 树空间
46      {
47          Trie current;
48          if (tree == NULL)
49              return 0;
50          else
51          {
52              for (int i = 0; i < 26; i++)
53              {
54                  current = tree -> next[i];
55                  if (current != NULL)
56                      freeTrieTree(current);
57              }
58          }
59          free(tree);
60      }
```

3. 拼音切分功能的实现

```
1    # include < string. h >
```

```
2    # include < stdbool. h >
3    # include "Trie.h"
4    //函数功能: 将连续的拼音串划分为以空格分隔的拼音串
5    //输入参数 tree: Trie 树
6    //输入参数 origin: 要切分的拼音串
7    //输入参数 splited: 切分后的拼音串
8    //返回值: 操作成功返回 1,否则返回 0
9    int segmentString(Trie tree, char * origin, char * splited)
10   {
11       Trie parent, current;
12       int index;
13       int k = 0, i = 0;
14       int len = strlen(origin);
15       parent = tree;
16       if (origin == NULL)
17       {
18           printf("要切分的拼音串输入有误");
19           return 0;
20       }
21       while (origin[i]!= '\0')
22       {
23           while (true)
24           {
25               index = origin[i] - 'a';
26               current = parent - > next[index];
27               if (current!= NULL)
28               {
29                   splited[k] = origin[i];
30                   parent = current;
31                   k++;
32                   i++;
33               }
34               else
35                   break;
36           }
37           splited[k++] = ' ';
38           parent = tree;
39       }
40       splited[k] = '\0';
41       return 1;
42   }
```

4. main. c

在主函数中编写代码测试接口算法,实现拼音切分功能。

```
1    # include < stdio. h >
2    # include < stdlib. h >
3    # include < string. h >
4    # include < stdbool. h >
5    # include "Trie.h"
```

```
6    int main(void)
7    {
8        FILE * fin, * fout, * fdict;
9        Trie tree;
10       char string[MAXLEN];
11       char splited[MAXLEN * 2];
12       fopen_s(&fin, "input.txt", "r+");
13       fopen_s(&fout, "output.txt", "w+");
14       fopen_s(&fdict, "dict.txt", "r+");
15       tree = buildTree(fdict);
16       fscanf(fin, "%s", string);
17       segmentString(tree, string, splited);
18       fprintf(fout, "%s", splited);
19       fclose(fin);
20       fclose(fout);
21       fclose(fdict);
22       return 0;
23   }
```

5. 测试用例和测试结果

input.txt：guilindianzikejidaxue

output.txt：gui lin dian zi ke ji da xue

四、扩展延伸

先序遍历 Tire 树，输出相应的拼音串。

9.5　高级实验

一、实验目的

掌握应用 Trie 树实现单词拼写检查器，实现单词智能拼写检查和修改建议等功能。

二、实验内容

（1）对输入文件中的单词实现智能拼写检查功能；

（2）对要修正的单词给出修改建议；

（3）编写主程序进行测试。

三、参考代码

1. 本程序的文件结构

本程序的文件结构如图 9-10 所示，说明如下。

（1）spell.h：字典树头文件，提供了字典树类型定义和相关接口说明。

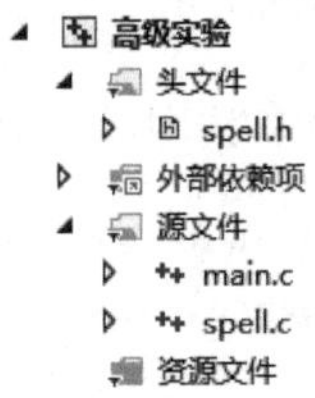

图 9-10　程序的文件结构图

（2）spell.c：字典树接口的具体实现文件。

（3）main.c：主函数，测试单词拼写检查功能，给出修改意见，需要包含 spell.h。

2．Trie 树的实现

（1）spell.h。

```
1   # ifndef SPELL_H
2   # define SPELL_H
3   # include < stdio.h >
4   # include < stdlib.h >
5   # include < stdbool.h >
6   # define MAXLEN 50                          //最大单词长度
7   # define MAXNUM 300                         //输入文件最大单词数量
8   # define SGTNUM 8                           //最大"修改建议"的数量
9   struct TrieNode                             //定义 Tire 树结点
10  {
11      char key;                              //键值
12      bool isEndOfWord;                      //单词结尾标记
13      char * word;                           //指向从树根到该结点的路径形成的字符串
14      struct TrieNode * next[26];
15  };
16  typedef struct TrieNode * Trie;            //Trie 类型定义
17  //函数功能:初始化结点
18  //输入参数 node:Trie 树结点
19  //返回值:无
20  void initialize(Trie node);
21  //函数功能:从文件读取字典构建 Trie 树
22  //输入参数 fp:文件
23  //返回值:tree 指向 Trie 树根结点
24  Trie buildTree(FILE * fp);
25  //函数功能:向 Trie 树中添加一个词条
26  //输入参数 tree:Trie 树
27  //输入参数 word:要添加的词条
28  //返回值:操作成功返回 1,否则返回 0
29  int addWord(Trie tree, char * word);
30  //函数功能:释放 Trie 树空间
31  //输入参数 tree:Trie 树
32  //返回值:无
33  void freeTrieTree(Trie tree);
34  //函数功能:检查单词 word 的拼写是否正确
35  //输入参数 tree:Trie 树
36  //输入参数 word:要检查的词条
37  //返回值:拼写正确返回 true,否则返回 false
38  bool checkWord(Trie tree, char * word);
39  //函数功能:订正单词 str
40  //输入参数 tree:Trie 树
41  //输入参数 str:要修正的单词
42  //返回值:操作成功返回 0
43  int correctWord(Trie tree, char * str);
44  //函数功能:获取关于单词 str 的修改建议
```

```
45    //输入参数 tree:Trie 树
46    //输入参数 str:要修正的单词
47    //输入参数 sgst:修正建议
48    //返回值:返回修改建议的数量 num
49    int getSuggestions(Trie tree, char * str, char sgst[][MAXLEN]);
50    //函数功能:从树根 root 先序遍历树
51    //返回值:无
52    void preOrderVisit(Trie root, char sgst[][MAXLEN], int * num);
53    # endif
```

(2) spell. c。

```
1     # include "spell.h"
2     void initialize(Trie node)                    //初始化结点
3     {
4         for (int i = 0; i < 26; i++)
5         {
6             node -> next[i] = NULL;
7             node -> isEndOfWord = false;
8         }
9     }
10    void freeTrieTree(Trie tree)                  //释放 Trie 树空间
11    {
12        Trie current;
13        if (tree == NULL)
14            return 0;
15        else
16        {
17            for (int i = 0; i < 26; i++)
18            {
19                current = tree -> next[i];
20                if (current!= NULL)
21                    freeTrieTree(current);
22            }
23        }
24        free(tree);
25    }
26    Trie buildTree(FILE * fp)                      //从文件读取字典构建 Trie 树
27    {
28        char str[MAXLEN];
29        Trie tree;
30        tree = (Trie)malloc(sizeof(struct TrieNode));
31        initialize(tree);
32        while (fscanf(fp, " % s", str)!= EOF)
33        {
34            addWord(tree, str);
35        }
36        return tree;
37    }
38    int addWord(Trie tree, char * word)            //向 Trie 树中添加一个词条
39    {
```

```
40        int index;
41        Trie parent, current;
42        parent = tree;
43        for (int i = 0; i < strlen(word); i++)
44        {
45            index = word[i] - 'a';
46            if (parent -> next[index] == NULL)
47            {
48                current = (Trie)malloc(sizeof(struct TrieNode));
49                initialize(current);
50                current -> key = word[i];
51                parent -> next[index] = current;
52                parent = current;
53            }
54            else
55                parent = parent -> next[index];
56        }//end for (int i = 0; i < strlen(word); i++)
57        parent -> isEndOfWord = true;
58        parent -> word = (char *)malloc(sizeof(char) * (strlen(word) + 1));
59        strcpy(parent -> word, word);
60        return 0;
61    }
62    bool checkWord(Trie tree, char * word)                //检查单词 word 的拼写是否正确
63    {
64        Trie parent, current;
65        int index;
66        int i = 0;
67        strlwr(word);
68        parent = tree;
69        current = NULL;
70        while (word[i]!= '\0')
71        {
72            index = word[i] - 'a';
73            if (index >= 0 && index <= 25)             //判断单词带有标点的情况
74            {
75                current = parent -> next[index];
76                if (current!= NULL)
77                {
78                    parent = current;
79                    if (word[i + 1] == '\0')           //如果是最后一个字符
80                    {
81                        if (current -> isEndOfWord)//判断 word 的最后一个字母是不是单词结尾
82                            return true;
83                        else
84                            return false;
85                    }
86                }
87                else
88                    return false;                      //多字
89            }
90            else if (word[i + 1] == '\0')              //标点是最后一个字符
```

```
 91          {
 92                  if (current -> isEndOfWord)           //判断标点前的前一个字母是不是单词的结尾
 93                      return true;
 94                  else
 95                      return false;
 96          }
 97          else //其他情况返回 false
 98                  return false;
 99          i++;
100      }   //end while(word[i]!= '\0')
101  }
102  int correctWord(Trie tree, char * str)            //修正单词
103  {
104      char sgst[SGTNUM][MAXLEN];
105      int cmd, sgtnum;
106      sgtnum = getSuggestions(tree, str, sgst);
107      printf("正在修改\" % s\"\n", str);
108      printf("请输入修改选项前的序号,然后按回车:\n");
109      printf("\t0)跳过\n");
110      printf("\t1)手动输入\n");
111      for (int i = 0; i < sgtnum; i++)                //打印建议
112          printf("\t % d) % s\n", i + 2, sgst[i]);
113      scanf_s(" % d", &cmd);
114      switch (cmd)
115      {
116          case 0:
117                  break;
118          case 1:
119                  printf("请输入替换内容:\n");
120                  scanf_s(" % s", str, MAXLEN);
121                  break;
122          default:
123                  if (cmd < sgtnum + 2)
124                  {
125                      strcpy(str, sgst[cmd - 2]);
126                  }
127                  else
128                  {
129                      printf("输入指令有误.\n");
130                  }
131                  break;
132      }
133      return 0;
134  }
135  int getSuggestions(Trie tree, char * str, char sgst[][MAXLEN])           //修改建议
136  {
137      Trie parent, current;
138      int num = 0;
139      int index;
140      int i = 0;
141      bool isUpper = false;
```

```
142        if (str[0] > = 'A' && str[0]< = 'Z')            //首字母大写的情况
143        {
144            strlwr(str);
145            isUpper = true;
146        }
147        parent = tree;
148        current = NULL;
149        while (str[i]!= '\0')
150 //查找拼写错误单词的正确前缀,例如 hellow,找到所在的结点作为 parent
151        {
152            index = str[i] − 'a';
153            if (index > = 0 && index < = 25)
154            {
155                current = parent − > next[index];
156                if (current!= NULL)
157                    parent = current;
158                else
159                    break;
160            }  //end
161            else
162                break;
163            i++;
164        }  //end while(str[i]!= '\0')
165        preOrderVisit(parent, sgst,&num);
166        //如果要使得建议的单词首字母为大写
167        //将所有建议项的首字母大写
168        if (isUpper)
169        {
170            for (int i = 0; i < num; i++)
171            {
172                sgst[i][0] −= 32;
173            }
174            str[0] −= 32;                            //还原首字母大写
175        }  //end if (isUpper)
176        return num;
177 }
178 //先序遍历 Trie 树
179 void preOrderVisit(Trie root, char sgst[][MAXLEN], int ∗ count)
180 {
181     Trie current;
182     if (root!= NULL && ∗ count < SGTNUM)
183     {
184        if (root − > isEndOfWord)
185        {
186            strcpy_s(sgst[ ∗ count], MAXLEN, root − > word);
187            ( ∗ count)++;
188        }
189        for (int i = 0; i < 26; i++)
190        {
191            current = root − > next[i];
192            if (current != NULL && ∗ count < SGTNUM)
```

```
193                {
194                    preOrderVisit(current, sgst, count);
195                }
196            }  //end for (int i = 0; i < 26; i++)
197        }  //end if (root != NULL && * count < SGTNUM)
198    else
199        return 0;
200 }
```

3. main. c

在主函数中编写代码,测试接口算法,实现单词拼写检查功能。

```
1   # include  "spell.h"
2   int main(void)
3   {
4       FILE * fin, * fout, * fdict;
5       Trie tree;
6       char str[MAXLEN];
7       char article[MAXNUM][MAXLEN];
8       int flag[MAXNUM];
9       int i, count, cmd, wordnum;
10      fopen_s(&fin, "input.txt", "r + ");
11      fopen_s(&fout, "output.txt", "w + ");
12      fopen_s(&fdict, "dict.txt", "r + ");
13      tree = buildTree(fdict);
14      //读取要检查的文件内容存放到数组 article 中
15      count = 0;                              //统计检查不通过的单词数
16      for(i = 0; fscanf(fin, " % s", str)!= EOF;i++)
17      {
18          strcpy(article[i], str);
19          if (!checkWord(tree, str))
20          {
21              flag[count] = i;
22              count++;
23          }
24      }
25      wordnum = i;                            //统计总词数
26      printf("没有通过拼写检查的单词:\n");
27      do                                      //显示检查不通过的单词
28      {                                       //显示选项
29          printf("\t0)将修改保存到文件\n");    //选项 0
30          for (i = 1; i <= count; i++)        //选项 1 ～选项 n
31          {
32              printf("\t % d) % s\n", i, article[flag[i - 1]]);
33          }
34          printf("请选择要进行修改的单词:\n");
35          scanf_s(" % d", &cmd);
36          if (cmd == 0)                       //执行命令
37          {
38              for (i = 0; i < wordnum; i++)
```

```
39              {
40                  fprintf(fout, "%s ", article[i]);
41              }
42          }
43          else if(cmd <= count)                    //边界检查
44          {
45              correctWord(tree, article[flag[cmd-1]]);
46          }
47          else
48          {
49              printf("输入指令有误.\n");
50          }
51      } while (cmd!=0);
52      freeTrieTree(tree);                          //释放字典树空间
53      fclose(fin);
54      fclose(fout);
55      fclose(fdict);
56      return 0;
57  }
```

4. 测试用例和测试结果

file.txt 的文件信息如下：

Hellow world, bye,, by byee hel. aab aah

测试用例和测试结果截图如图 9-11 所示。

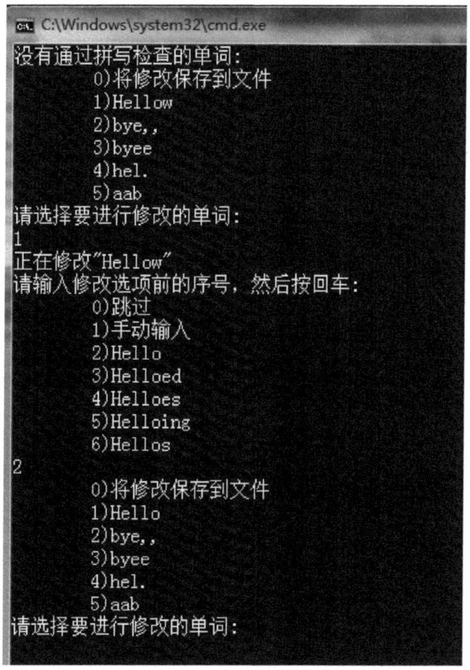

图 9-11　测试截图

四、扩展延伸

编写算法,实现一个单词智能检测编辑器,要求能够给出输入提示功能和拼写错误检查功能。例如,当用户输入单词的前面几个字母时,这里假设输入了 abbre,给出如下可能的输入供用户选择。

abbrev

abbreviate

abbreviated

abbreviates

abbreviating

abbreviation

abbreviations

abbreviator

abbreviators

参 考 文 献

[1] 张乃孝,陈光,孙猛. 算法与数据结构:C 语言描述[M].3 版. 北京:高等教育出版社,2016.

[2] 邓俊辉. 数据结构(C++语言版)[M].3 版.北京:清华大学出版社,2016.

[3] 唐策善,李龙澍,黄刘生. 数据结构——用 C 语言描述[M].北京:高等教育出版社,2007.

[4] 陈越,何钦铭,徐镜春. 数据结构学习与实验指导[M].北京:高等教育出版社,2013.

[5] 苏仕华. 数据结构课程设计[M].2 版.北京:机械工业出版社,2010.

图书资源支持

感谢您一直以来对清华版图书的支持和爱护。为了配合本书的使用，本书提供配套的资源，有需求的读者请扫描下方的"书圈"微信公众号二维码，在图书专区下载，也可以拨打电话或发送电子邮件咨询。

如果您在使用本书的过程中遇到了什么问题，或者有相关图书出版计划，也请您发邮件告诉我们，以便我们更好地为您服务。

我们的联系方式：

地　　址：北京海淀区双清路学研大厦 A 座 707

邮　　编：100084

电　　话：010－62770175－4604

资源下载：http://www.tup.com.cn

电子邮件：weijj@tup.tsinghua.edu.cn

QQ：883604(请写明您的单位和姓名)

用微信扫一扫右边的二维码，即可关注清华大学出版社公众号"书圈"。

资源下载、样书申请

书圈